提高耕地质量

建设生态农业

山东耕地质量评价与应用丛书

东平耕地

周长民　王少祥　张明岩　主编

山东大学出版社

《东平耕地》编辑委员会

主编单位 东平县农业局

编审单位 山东省土壤肥料工作总站 泰安市土壤肥料工作站

主　　编 周长民 王少祥 张明岩

主　　审 高瑞杰 李 涛 王德科 李 强

调查分析人员 （以姓氏笔划为序）

尹承华 王少祥 王承水 王 非 王 举 伊同才 闫立梅 张明岩 李 强 杨建玲 苏南南 周长民 赵华方 郭光喜

室内化验人员 （以姓氏笔划为序）

井常燕 尹承华 王忠兵 王 非 王 举 刘保民 张明岩 张 霞 李 亮 杨建玲 杨景娟 苏南南 周长民 郭光喜 郭延霞 黄金玲 董荷花

野外调查人员 （以姓氏笔划为序）

卜凡平 井绪峰 尹承华 尹燕来 牛之全 王广东 王传峰 王全振 王 非 王贵刚 王 敏 刘兆仁 刘保民 刘 洋 吕 键 许 超 张友谊 张吉英 张 红 张明岩 张清杰 张德金 苏南南 陈兆新 陈培胜 周长民 姚富友 胡鲁平 郭光喜 郭明柱 常传玉 戚聿君 梁兆勇 梁 锋 黄金玲 喻宗彬 董绪友 靳 波 蔚大青

序

开展耕地地力评价是一项研究分析耕地数量、质量、潜能和时空分布变化的系统工程，是指导农业科学生产的基础性工作，对于保护与合理利用耕地资源，加强耕地质量建设，促进农业增效、农民增收和农业可持续生产具有深远意义。

东平县农业局在对全县耕地资源、土壤养分等进行调查、化验、分析、评价的基础上，组织编写了《东平耕地》一书。通过对耕地地力调查与评价，摸清了东平县耕地的土壤性状、养分肥力分布状况和障碍性因素，查明了东平县耕地地力等级，建立了耕地土壤养分评价及科学施肥指标体系，提出了土、肥、水资源合理配置和改良利用建议与措施，为实现耕地资源的数字化、动态化管理与合理利用提供了科学依据。

该书数据翔实，分析准确，内容全面，理论丰厚，为政府规划、决策提供了重要支持，是一部现代农业生产经营必备的理论工具书籍。

参与调查、试验、分析与编写的农业科技人员，付出了大量汗水和辛勤劳动，他们的勤奋吃苦精神、求真务实作风和科学严谨态度，值得称赞和发扬！

东平县人民政府县长　王　骞

前　言

《东平耕地》一书是根据《农业部办公厅关于做好耕地地力评价工作的通知》(农办发[2007]66 号)要求,利用测土配方施肥项目所获得的大量数据和第二次土壤普查资料,对东平县耕地地力开展调查与评价而得出的成果。

该书在调查掌握东平自然资源、耕地土壤资源与农业生产状况基础上,详细分析了土壤理化性状、耕地地力等级与分布,制定了测上配方施肥数据库、耕地资源空间数据库和耕地资源管理信息系统的建设规范标准,提出了耕地合理利用与改良的对策与建议,建立了小麦、玉米等主要作物科学施肥指标体系,并对东平发展生态农业、改善土壤环境、开发粮食增产潜力进行了专题研究。该书共分九章,其中第一、二章对是气候、土壤、水文、生物等自然资源及农业经济状况的介绍,第三、四章是对土壤理化性状的分析,第五、六章是对耕地地力的评价与分析,第七章是改良与合理利用耕地资源的对策,第八章是耕地资源管理信息系统建设,第九章是专题报告。为方便查找,书后附加了耕地地力评价等级、土壤养分含量等 21 幅成果图件。本书所用基础数据和分析定论数据均截至 2009 年。

《东平耕地》不仅得益于国家和省测土配方施肥项目的实施,而且反映了所有参与项目实施人员的辛勤工作与劳动,是集体智慧的结晶。东平县自 2006 年开始实施测土配方施肥项目,到 2009 年累计采集化验土样 8843 个,分析测试了土壤有机质、氮、磷、钾、钙、镁、硫等各类元素 19 个项目的含量分布状况,其中用于地力评价的典型样点 2048 个。开展了小麦、玉米、棉花等作物施肥试验 34 处、肥效对比试验 40 处。取得了大量化验和试验数据以及各类调查数据。设立配方施肥示范方 10 处,培植发展配方 20 个,应用农户 10 万户,全县实施测土配方施肥技术面积达到 53333hm^2。在此基础上,于 2009 年开展了耕地地力调查与评价工作,实现了土壤测试、田间试验示范和地力评价成果在多层面的资源共享。

测土配方施肥项目实施以及耕地地力调查与分析过程,是在山东省土壤肥料工作总站、泰安市土壤肥料工作站具体指导和东平县委、县政府正确领导下进行的。山东天地亚太国土遥感公司、山东农业大学资源与环境学院参与了耕地资源信息系统建设、耕地地力及养分分析评价和分级的前期工作，在此深表感谢。

由于水平所限，本书的分析还不够全面、深刻，难免有不当之处，恳请阅鉴者予以批评更正。

目 录

第一篇　耕地地力调查与评价

第二篇　耕地地力评价与数据库建设

第三篇　耕地改良与利用

第一篇　耕地地力调查与评价

第一章　自然与农业生产概况

“万物土中生，有土斯有粮”，土地是人们获取粮食及其他农产品最基础的生产资料。一切优质高产的农作物品种及其栽培模式都必须建立在安全、肥沃、协调的土壤之上，所以，耕地是重要的农业生产资料，是具有一定地力与质量特点的自然资源。它的地力高低与质量好坏是在多种自然条件作用下形成的，并对农作物产量、品质有着直接的影响。摸清地力状况与水平，掌握农业生产的自然规律，对促进和发展现代农业具有重要的作用。

第一节　自然条件

东平县位于北纬 35°46′24″至 36°10′20″、东经 116°2′52″至 116°39′44″之间，东与肥城市毗邻，南与汶上县、梁山县接壤，西部隔黄河与东阿县、阳谷县、河南省台前县相望，北与平阴县搭界。全县土地总面积为 1330.44km^2，折合为 2010661.2（667m^2）（667m^2＝1 亩），可利用耕地面积为 68471hm^2，共有 14 个乡镇，716 个行政村，总人口为 78.9 万，其中农业人口为 70.4 万。

一、气候

东平县处于鲁西南平原北部，东部受鲁中山区的阻挡，境内受季风的影响，属暖温带大陆性半干旱半湿润季风气候，具有四季分明的特点。春季（3～5 月），冷暖气团对峙，进退不定，骤冷骤热，盛行东南风，气候干燥，回暖迅速。夏季（6～8 月），炎热多雨，高温高湿，降水集中，常有暴雨涝灾。秋季（9～11 月），受大陆气团影响，气温迅速下降，降水减少，云淡风轻，日照充足。冬季（12 月～翌年 2 月），盛行偏北风，气压高，温度低，气候干燥。年平均风速为 3m/s。年平均日照时数为 2417h，占全年可照时数的 54％。年平均无霜期为 231 天，积温为 4997℃。年平均气温为 13.3℃。年平均降雨量为 609.16mm，年最大降雨量为 1065mm，年最小降雨量为 262mm。气候因素中以干旱危害最重，其次是暴雨、大风、冰雹、干热风、连阴雨、霜冻等灾害性天气，直接影响土壤的形成、发育和演变。

二、地形特征

东平县地势东北高、西南低，境内拥有多种地貌类型，山地、丘陵、平原、洼地、湖泊、河流兼而有之。

山地、丘陵主要分布在县内北部地区，属鲁中南低山丘陵边缘。最高点为旧县乡歪老婆顶，海拔 451m(黄海高程)。

平原主要分布在南部地区，属大汶河冲积平原，地面高程在 40m 以上，多数土层深厚，土壤构型良好，适宜农业种植。

洼地主要分布在东平湖区，该区西边是黄河，东边是东平湖滞洪区，属黄河冲积平原，除腊山、昆山、马山等少数孤山残丘海拔较高外，其余均为湖洼地，最低处在新湖乡境内，海拔 30m 左右，东平湖为山东省第二大淡水湖，该湖为"水泊梁山"的遗存水域，由一级湖和二级湖组成。全部湖泊水面为 246024($667m^2$)，占全县总面积的 12.2%。东平湖水资源好，饵料丰富，风光秀丽，具有发展水产养殖业和旅游业的巨大潜力。

东平县境内有 18 条河流，主要有黄河、大汶、汇河、金线河等，全县河流总水面为 52914.7($667m^2$)，折合为 $35.28km^2$，占全县总面积的 2.6%。

三、岩石与成土母质

东平县在地质构造上，属于石灰岩丘陵区，脉向大体呈南北走向，地层走向比较稳定，地质报告中称为东平单斜。

全县以大清河为界，分为北部丘陵区和南部冲积平原区。北部丘陵区出露岩石主要为石灰岩、泥灰岩和白云质灰岩，均为石灰岩性质的岩类。因此，北部丘陵区成土母质的基础是石灰岩风化物，还有黄土状母质。在此种母质基础上，发育并广泛分布有褐土。

全县成土母质来源于三个方面：①从黄土高原经大风搬运堆积形成的风成黄土母质以及黄土高原被黄河冲刷、携带、沉积形成的黄河沉积物；②鲁中南山区的岩石风化母质经大汶河冲积、携带、沉积于本县；③本县残丘石灰岩风化物。在这三个来源中，大清河南平原区以黄河、大汶河沉积物来源为主；大清河北以本县残丘石灰岩风化物和黄土母质为主。

成土母质可分五种类型：石灰岩风化物、黄土母质、黄河沉积物、大汶河沉积物、湖积物。

(一)石灰岩风化物

石灰岩风化物主要分布在北部丘陵山区较高部位，多在荒岭坡之上，与黄土母质交错存在。由于山洪的冲刷作用，有些地方两者已成混合物，界限不很明显。

(二)黄土母质

黄土母质形成的土壤土体深厚，质地均一，柱状结构，富含碳酸钙，黏粒松散，遇水容易分散，结构力低，土壤极易被侵蚀。在暴雨冲刷下，水土流失严重。

黄土母质与石灰岩风化物土壤结构不同，石灰岩风化物以块状为主，黄土母质在养分含量上富含钾素。其主要特点是：①土层深厚；②黄土母质褐土发育较差，较年轻，淋溶淀积层不甚明显，石灰反应不强烈；③黄土母质形成的土壤质地偏轻，主要为粉砂颗粒，而石灰岩风化物形成的土壤，黏粒含量较高；④养分含量不同，黄土母质土壤的有机质和全氮含量较低，速效钾含量较高；⑤生产性能不同，黄土母质所处位置较高，干旱严重，强度侵蚀，发展灌溉困难，土壤肥力、产量水平均低于石灰岩母质。

（三）黄河沉积物与大汶河沉积物

黄河沉积物与大汶河沉积物是东平潮土形成的基础。黄河沉积物奠定了东平潮土的土壤基础，上层土壤受两河母质交相沉积以及潜水影响，是形成潮土的层次、肥力发育演变的主导因素。

在大清河以南广大的潮土区，随着地势由东北向西南逐渐降低。土壤成因上，大汶河的影响逐渐减弱，黄河的影响逐渐加强。

黄河沉积物与大汶河沉积物的区别：黄河沉积物来源于黄土高原，性质与黄土母质相近，颜色为暗灰棕色，碎块状结构，质地细腻，具有极细微的云母片，石灰反应强烈，地下水质为重碳酸钙型，有盐化威胁。大汶河沉积物来源于鲁中南山区岩石风化物，颜色为淡棕色，呈块状结构，质地稍粗，石灰反应弱，地下水为淡水，无盐化威胁。两者机械组织差异明显，黄河沉积物比大汶河沉积物的保水、保肥性好，产量也高。

（四）湖积物

湖积母质分布于三个地带：湖区低洼地、稻屯洼地周围、汇河低洼地区。湖积母质由于地形部位不同，性质亦有差异。低部位湖积母质土色深暗，质地黏重，核状结构，潜育层明显，有机质、全氮含量高。较高部位一般潜水较深，渍涝较轻；低部位潜水较浅，易积涝成灾。

四、地形地貌

（一）概况

东平县境内，大地貌属华东平原，中地貌属鲁西南平原，位于鲁中山区的西南边缘丘陵。全县地势东北高、西南低，大清河贯穿县城流入东平湖，将东平县分为三个区域：北部丘陵山区、南部平原区和湖区。

北部丘陵分三列丘陵：第一列在西北部，以老湖的火焰山、望山等侵蚀山丘为前沿，向北延伸至旧县乡，然后到达平阴县境；第二列在中部，以东平镇的白佛山为前沿，向北延伸，与九顶凤凰山对接；第三列在东部，前沿为龙山，顺延北上，从韩山、东山直至鱼鳞山。各丘陵之间分布着山前倾斜平地。

大清河沿岸及其河南侧冲积平原大体也分三种类型：湖区及沿湖滩区平原，皆由黄河沉积物形成；大清河南平原，即彭集、沙河站、州城三个乡镇，主要由黄河沉积物形成，大清河沉积物对平原地貌和土壤形成也有极大影响；大清河北岸平原，包括稻屯洼周围的微斜平地，是由黄河沉积和本县北部丘陵冲积物的混合物形成的，其中 1855 年黄河改道夺清（河北大清河）入海时所携带的泥沙淤积占很大成分。

总之，大清河南侧平原由黄河和大清河共同沉积而成；大清河北侧平原由黄河、丘陵洪冲积物作用而成；沿湖平原洼地完全由黄河沉积而成。黄河、大清河、丘陵区的洪冲积作用是构成东平县平原地形地貌和土壤的主要物理基础。

(二)微地貌类型与分布

全县共分 8 个微地貌类型,17 个微地貌单元,现将其特征、面积和分布分述如下。

1. 低山岭类型:分 2 个微地貌单元,面积为 134067(667m^2),占总面积的 6.67%。

(1)石质山岭:面积为 4824(667m^2),占总面积的 0.24%。分布于丘陵上部,主要在水牛山、小东山、龙山和凤凰山等丘陵的顶部。自然覆被度小于 60%,以裸露的石质丘陵为主。

(2)荒岭坡:面积为 129243(667m^2),占总面积的 6.43%。分布于丘陵中上部,大清河以北的主要丘陵如白佛山、九顶凤凰山、豆山、虎山、歪老婆山、代金山等的中上部均有分布。因丘陵中上部生长有稀疏野草和灌丛,故称荒岭坡。一般土体浅薄,多由石灰岩残积物形成,发育为褐土性土。坡度大于 30°,自然覆被率大于 60%。

2. 梯田类型:面积为 130651(667m^2),占总面积的 6.47%,分 2 个微地貌单元。

(1)岭坡梯田:面积为 43617(667m^2),占总面积的 2.17%。分布在丘陵中部,一般地势较陡,坡度为 15°～30°。梯田群呈阶式环山水平条带状,阶差较大,土体浅薄,多由人工在残坡积物上垒叠而成。土壤多为褐土性土,分布在白佛山、水牛山、凤凰山等丘陵上部的陡坡。

(2)坡麓梯田:面积为 87034(667m^2),占总面积的 4.3%。一般分布在丘陵下部缓坡上。形状随坡形而异,但单块地面多成块状,面积数亩至十多亩不等。土体厚薄不一,多发育为中厚层褐土。北部丘陵广泛分布,只能种些耐旱作物。

3. 近山阶地类型:面积为 253260(667m^2),占总面积的 12.6%,分 2 个微地貌单元。

(1)近山阶地:面积为 113364(667m^2),占总面积的 5.64%。分布在坡麓梯田下部,坡度较小,由坡洪积物堆积并由人工修整而成。土壤多为厚层或深厚层褐土,丘陵区广泛分布。多种植耐旱作物、地瓜、棉花及果树等。

(2)切割阶地:面积为 139896(667m^2),占总面积的 6.96%。集中分布于水牛山、九顶凤凰山、虎山周围,大清河以北五区均有分布。此微地貌单元土壤由黄土母质组成。土体虽然深厚,但因质地轻松,结构力差,地形坡度较大,侵蚀严重。一般切沟纵横,土壤疏松多孔,无沉积层理,富含碳酸钙,多发育为褐土。一般缺水严重,宜种地瓜、棉花、果树。

4. 山前平地类型:面积为 313560(667m^2),占总面积的 415.6%,分 4 个微地貌单元。

(1)山前倾斜平地:面积为 75174(667m^2),占总面积的 3.74%。分布于北部各区,主要集中在张河桥的徐坦、夏谢和宿城的白佛山与九顶凤凰山之间,梯门的花兰店以西公路沿线,水河的公路两侧。地势比较平缓,比降一般在 1/400 左右,田块面积较大,多由洪积物形成。土体深厚,多发育为褐土或淋溶褐土,是丘陵区的主要耕地。

(2)山前微倾斜平地:面积为 127836(667m^2),占总面积的 6.36%。位于山麓洪积扇的中下部,土体深厚,土壤肥沃,多发育为潮褐土,由洪冲积物形成,地势较平坦,比降为 1/400～1/700。北部东平镇、大羊、接山均有大面积分布,是主要的农业耕地。

(3)山前缓平地:面积为 23517(667m^2),占总面积的 1.17%。位置处在山前微斜平地上,地势平坦,景观开阔,比降为 1/700～1/1000,由洪冲积物形成。潜水较浅,一般为 3～10m,土壤肥沃,多发育为潮褐土,多为高产土壤。此微地貌单元见于接山鄣城一带。

(4)山间洼地:面积为 87033(667m^2),占总面积的 4.33%。位置处于两山丘之间、山前缓平地下部，地势比较平坦，呈碟形。排水不畅，易季节性积水，曾有沼泽化过程。一般土体深厚，土质黏重，多发育为黑潮土或砂姜黑土，由湖积物形成。此单元分布于汇河洼和老湖的跃进河洼一带。

5. 缓岗地类型：微地貌单元同类型。

缓岗地：面积为15879(667m^2)，占总面积的0.79%。地貌特征为孤立较高的土质丘陵，田间倾斜度较大，比降大于1/200，水土流失严重，多由坡洪积物形成。分布于水河区七里铺、焦铺、烈士陵园周围，以及大羊西王庄。

6. 河漫滩类型：微地貌单元同类型。

河漫滩：面积为136680(667m^2)，占总面积的6.8%。位于河流防洪堤内，主河道两侧，由洪水搬运泥沙淤积而成。一般为非生产用地，分布于大清河河道两侧及河道尾冲积扇内。

7. 决口扇形地类型：微地貌单元同类型。

决口扇形地：面积为67536(667m^2)，占总面积的3.36%。仅见于彭集东北部，由大清河决口乱流沉积而成。地面多成波状，大比例尺地形图等高线呈锯齿状。溜道两侧有砂岗、砂丘存在，多分布砂质潮土或褐土化潮土。农业利用上多种植花生。

8. 缓平坡地类型：面积为712794(667m^2)，占总面积的35.44%，分4个微地貌单元。

(1)岗坡地：面积为117384(667m^2)，占总面积的5.84%。由河流冲积而成，地貌中段微微隆起，比降在1/1000左右。等高线多为缓缓的"凸"字形，时有封闭。潜水埋深大于3m，多发育为壤质潮土或褐土化潮土。主要分布在州城、沙河站两区。

(2)缓平坡地：面积为222507(667m^2)，占总面积的11.07%。系河流冲积地貌，由河流泛滥漫流沉积而成。地势平坦，比降为1/2000～1/3000，位于决口扇形地下部，潜水埋深为1.5～3m，多发育为潮土或湿潮土。土质较轻，有涝灾和盐化威胁。主要分布在州城、沙河站西部，是主要农业区。

(3)洼坡地：面积为101907(667m^2)，占总面积的5.07%。由河流泛滥漫流形成。处于缓平坡地下端，地势低平，比降小于1/3000。潜水埋深为1m左右，多发育为潮土或湿潮土。土质较黏重，是平原区主要耕作土壤，见于湖区外沿地带。

(4)浅平洼地：面积为270546(667m^2)，占总面积的13.46%。由静水沉积形成。地势低洼，群众习称"漫洼"。潜水埋藏较浅，干旱时为1～2m，汛期可达地表，出流不畅，内涝严重。多发育为湿潮土，分布于稻屯洼周围及沿湖周围。

9. 湖泊：面积为246024(667m^2)，占总面积的12.24%。

地貌类型对比如表1-1所示。

表1-1　地貌类型对比表

国际名称及代码		县级名称及代码			
归属国际代码	归属国际地貌类型	代码	地貌类型	面积(667m^2)	占总面积(%)
DMLX004	低山	1	石质山岭	4824	0.24

续表

国际名称及代码		县级名称及代码			
归属国际代码	归属国际地貌类型	代码	地貌类型	面积（667m²）	占总面积（%）
DMLX012	侵蚀一剥蚀丘陵	2	荒岭坡	129243	6.43
DMLX161	倾斜侵蚀—剥蚀高台地	3	岭坡梯田	43617	2.17
DMLX152	起伏侵蚀—剥蚀低台地	4	坡麓梯田	87033	4.33
DMLX162	起伏侵蚀—剥蚀高台地	5	近山阶地	113364	5.64
DMLX151	倾斜侵蚀—剥蚀低台地	6	切割阶地	139896	6.96
DMLX231	倾斜干燥剥蚀低台地	7	山前倾斜平地	75174	3.74
DMLX232	起伏干燥剥蚀低台地	8	山前微倾斜平地	127836	6.36
DMLX132	倾斜洪积低台地	9	山前缓平地	23517	1.17
DMLX131	平坦洪积低台地	10	山间洼地	87033	4.33
DMLX241	倾斜干燥剥蚀高台地	11	缓岗地	15879	0.79
DMLX101	河漫滩	12	河漫滩	136680	6.8
DMLX107	决口扇	13	决口扇形地	67536	3.36
DMLX242	起伏干燥剥蚀高台地	14	岗坡地	117384	5.84
DMLX112	倾斜洪积平原	15	缓平坡地	222507	11.07
DMLX113	起伏洪积平原	16	洼坡地	101907	5.07
DMLX111	平坦洪积平原	17	浅平坡地	270546	13.46
		18	湖泊	246024	12.24

五、水文与水文地质

全县境内有18条河流：黄河、大汶河、汇河、金线河等。全县河流总水面面积为52914.7(667m²)，折合为35.28km²，占全县总面积的2.6%。

湖区总面积为627km²，全部湖泊水面面积为246024(667m²)，常年蓄水为1.5×10^8m³。平均水位高程为40.75m，东线一期工程完成后，东平湖平均水位高程将达41.5m，将淹损耕地面积为36000(667m²)，东平湖蓄水面积将达到250000(667m²)。东平县境内地下水资源量多年平均为1.9130625×10^8m³。水资源总量多年平均为3.2689875×10^8m³。可利用量多年平均为2.62906921×10^8m³。

大汶河是山东省著名河流之一，经新泰、莱芜、泰安、宁阳等地，至郓城以东进入东平境内，自东向西流经我县，对沿河两岸的地下水及土壤形成起了决定性作用，是潮土、河潮土的主要成因。大清河始自戴村坝至东平湖入口处，全长37.7km，东部彭集一带由于长期的淤积形成了砂壤土，潜水较浅，所以这一地区为河潮土。汇河是大汶河、大清河的主要支流之一，在丁坞村流经我县后，经大羊、张河桥进入汶河，这一带过去由于出流不畅，长期季节性积水和地表水过多，曾经历过沼泽半沼泽过程，形成了湖积黑潮土。东平湖周围地区由于长年积水，大部分由湖积沉积物形成了潮土。大清河以北的大部分地区，由于地势高，由坡积物、洪积物及黄土母质形成了褐土。

大清河南地下水丰富，大清河北各丘陵区近几年来由于干旱等气候因素影响，地下水位呈不同程度的下降。经过长期的人为影响和改革开放以后国家对水利灌溉工程的大力投入，全县耕地的有效灌溉面积逐步增加，推动了农业的全面发展。

六、植被

在植物地理分布上，东平属落叶阔叶林区；按植被划分，属暖温带落叶阔叶林地带、暖温带北部落叶栎林亚地带，是黄淮平原栽培植被区。

东平是人多地少的农业县，耕种历史悠久，大片的自然土壤不复存在。境内已无原生自然植被，多为人工栽培植被，残存自然植被多为草本植物。在县境北部丘陵干旱处，有以酸枣为主的旱生多刺灌木。大清河南潮土区，多生长以马唐、狗尾草、节节草为主的田间杂草。湖区滩涂及低洼地区，生长着莎草、三棱草等湿生植被群落。

1. 栽培植被

全县大部分为栽培作物，农田面积为 940000（667m^2），占总面积的 86%。种植作物有小麦、玉米、大豆、棉花、花生、谷子、高粱、地瓜、小豆、绿豆、红麻、芝麻、瓜类等。蔬菜作物有白菜、芹菜、大蒜、土豆、洋葱、萝卜、韭菜、西红柿、茄子、莴苣、豆角类等。栽培树种有刺槐、国槐、杨、柳、榆、泡桐、苦楝、桑、椿、柏等。灌木类有紫穗槐、花椒、酸枣、荆条、白蜡等。果树类有苹果、桃、梨、杏、枣、石榴、葡萄、核桃、柿子、山楂等。

2. 自然植被

本县自然植被经多年开垦，已失去了原生性，多为田间杂草，主要有白茅草、刺蓟、节节草、狗尾草、马唐、画眉草、马齿苋、小旋花、苍耳、蒺藜、蒲公英、黄芩、稗草、苦买菜、地锦、酸枣、鹅冠草、黄花菜、益母草、苋菜、三棱草、鬼针草、芦苇、香蒲等，这些田间杂草广泛分布于全县各地。但是，随着土壤类型的不同、水分的丰缺以及潜水深浅不同，产生了分布上的地区差异。每一群丛中，都有一两个优势种，它的存在与土壤性质关系密切，习惯上称这种植物为指示性植物。

按生态环境可分为三个植被类型。

1. 以酸枣、鹅冠草为主的褐土山区旱生植物

丘陵山区的石质山丘、荒岭坡以及梯田阶地等严重缺水区，生长耐旱植物，这些植物的特点是：叶部气孔构造特殊，蒸腾作用微弱，而根的吸水性和茎叶的储水性极强。因而，在土壤水分极缺的情况下，依然能维持植物的代谢活动，使自身生存下来。这一植被类型的代表植物为酸枣，与其共生的有花椒、鬼针草、鹅冠草等。

2. 以马唐、刺蓟为主的广泛性植物

褐土区内的田间杂草主要以马唐、刺蓟为主，此外还有蒺藜、蒲公英、车前草等。潜水较深的山前平地上，亦有节节草、小旋花。另外，拉拉秧现在也呈蔓延趋势，同时共生的还有马齿苋等。以上杂草在北部山区分布较多。

3. 潮土区植物

大清河南、沿东平湖地区周围，心土层无黏化现象，土壤通气性较好，形成了特有的植被类型。

(1)以节节草、画眉草为主的野生植被。此类植物分布在冲积平原微度高起的缓岗地带，潜水较浅，土壤为褐土化潮土，土壤排水较好。此外，马唐、刺蓟、苦买菜、狗尾草多与节节草共生。

(2)以芦草、卑草为主的野生植被。此类植物分布在浅平洼地中，有季节性积水现象，所生植物常因旱涝不均，引起植物组成的变化。代表植物为芦苇，根系很深，为地下茎，再生能力强，有压倒其他杂草的优势。共生草类有卑草、三棱草、白茅等。

(3)以白茅、节节草、芦草为主的野生植被。此类植物多分布在河漫滩，因潜水浅，又为砂质或砂壤质土壤。其中白茅生长优势极强，多群生，为河漫滩上的先锋草。节节草在河水泛滥不受威胁处生长，以在轻壤土生长较多。芦草多群生，在水泛后生长普遍。

(4)水生及湿生植被。涝洼地区由于地势低洼，时常积水，表土质地黏重，心土层还原过程大于氧化过程，土湿性凉，在此环境下形成水生及湿生植物。其优势植被有三棱草、芦苇、莎草、香蒲等。

第二节 农村经济与农业生产概况

一、农村经济

2009 年东平县总耕地面积为 68471hm^2，总人口为 78.4 万人，其中，农业人口为 69.6 万人，乡村从业人员为 38.7435 万人。农民人均纯收入为 5126 元，比上年增长 11.2%。

农、林、牧、渔业全面发展，2009 年实现农业总产值 400200 万元，农业增加值 229245 万元，比上年增长 18.7%：种植业增加值 125608 万元，比上年增长 11.0%；林业增加值 5250 万元，比上年增长 10.3%；牧业增加值 41569 万元，比上年增长 49.8%；渔业增加值 53358 万元，比上年增长 20.1%；服务业增加值 3460 万元，比上年增长 14.4%。

主要农畜产品产量稳定增长，全县认真落实农村税费改革政策，粮食直补、良种补贴和大型农机具补贴资金、减轻农民负担等政策全部落实到位，农民的生产积极性明显提高。粮食喜获丰收，棉花产量有所下降，蔬菜因种植结构调整产量大幅度的增长，奶类产量有所下降。主要农作物播种面积、单产、总产及对比如表 1-2 和表 1-3 所示。

表 1-2 主要农作物播种面积、单产、总产量

项 目	单 位	面积/产量
农作物总播种面积	hm^2	121523
粮食作物播种面积	hm^2	100866
稻谷	hm^2	228
小麦	hm^2	52149

续表

项　目	单　位	面积/产量
玉米	hm^2	36798
大豆	hm^2	10188
油料播种面积	hm^2	4477
糖料播种面积	hm^2	
蔬菜播种面积	hm^2	9903
粮食总产量	吨	635750
稻谷	吨	1744
小麦	吨	326661
玉米	吨	271569
大豆	吨	26489
油料产量	吨	18560
棉花产量	吨	6792
糖料产量	吨	
水果产量	吨	13572
肉类总产量	吨	38706
奶类产量	吨	12606
禽蛋产量	吨	25799
蔬菜产量	吨	487334
水产品产量	吨	58955

表 1-3　　主要农产品产量对比表

名　称	产量(万吨)	同比增减(%)
粮食	63.95	3.4
夏粮	32.6	74.4
秋粮	31.29	2.3
棉花	0.68	−21.7
油料	1.86	17.7
蔬菜(含)	48.73	34.0
肉类总产量	3.87	25.8
奶类产量	1.26	−21.2
禽蛋产量	2.58	8.8

全县水产养殖面积为 4958hm²，水产品产量为 59855 吨，同比增长 9.83%。全县水果产量为 13571 吨，同比减少 54.4%。

二、农业生产概况

东平县新农村建设扎实推进，着力稳固农村财源基础，乡村新上投资过 500 万元的项目 80 个，其中过 1000 万元的项目 19 个。大力调整优化农业内部结构，全县经济作物、优质粮食、林果、畜产品、水产品、桑蚕生产规模和产出效益稳定增长，无公害、绿色、有机农产品基地面积达到 600000(667m²)。着力推进农业产业化经营，全县规模以上农业龙头企业达到 102 家，其中主营业务收入过亿元的有 11 家；农民专业合作经济组织达到 265 家，吸纳农户 4.2 万户；规模流转土地约 20000(667m²)。加强农业基础设施建设，投资 9800 多万元开工建设小型水库、除险加固、节水灌溉、小流域综合治理等水利工程 208 处；高标准实施农业综合开发、扶贫开发项目，接山乡 40000(667m²)标准粮田建设项目获得全省十佳农业项目，12000(667m²)中低产田改造被评为全省十大优质工程项目，省、市政府分别在我县召开了农业综合开发工作现场会议；南水北调穿黄河工程及黄河、东平湖标准化堤防建设工程进展顺利。加快新型村庄建设，积极实施“三清、四改、一建”工程，改善了农村人居环境。大力发展劳务经济，全县农村劳务收入达到 12.16 亿元，占农民收入的 30%以上。认真落实强农惠农政策，全年发放粮食直补、农资综合补贴、良种补贴、农机补贴、成品油价格改革补贴、库区移民后期扶持等各类补贴补助资金 3.2 亿元。

第三节　农业基础设施情况

新农村建设取得新进展，2009 年末，全县拥有农业机械总动力为 8.126×10^5 kW。其中，大中型拖拉机 2612 台，小型拖拉机 6904 台，农用排灌机械 13840 台，联合收获机 944 台，农用运输车 32036 辆，农用挂车 7062 辆。机耕作业面积为 7.1×10^4 hm²，机播面积为 5.59×10^4 hm²，机收面积为 6.103×10^4 hm²。全县有机电井 8588 眼，配套装机 8452 台，总装机为 9.495×10^4 kW，水利有效灌溉面积为 4.973×10^4 hm²。全县自来水受益村达到 693 个，占全部行政村的 96.79%。全县通电话的村为 716 个，占全部行政村的 100%，通有线电视的村为 457 个，占全部行政村的 63.83%。

2009 年东平县灌溉面积到达情况如表 1-4 所示。

表 1-4　**2009 年东平县灌溉面积到达情况**

单位	年末到达总灌溉面积（$\times10^3$ hm²）	其中				节水灌溉面积（$\times10^3$ hm²）	有效灌溉面积		旱涝保收面积（$\times10^3$ hm²）
		有效灌溉面积（$\times10^3$ hm²）	林地灌溉面积（$\times10^3$ hm²）	果园灌溉面积（$\times10^3$ hm²）	其他灌溉面积（$\times10^3$ hm²）		当年实灌面积（$\times10^3$ hm²）	当年改善灌溉面积（$\times10^3$ hm²）	
合　计	55.78	49.73	2.96	1.74	1.35	20.52	47.8	1.66	34.34

续表

单位	年末到达总灌溉面积（×10³hm²）	其中				节水灌溉面积（×10³hm²）	有效灌溉面积		旱涝保收面积（×10³hm²）
		有效灌溉面积（×10³hm²）	林地灌溉面积（×10³hm²）	果园灌溉面积（×10³hm²）	其他灌溉面积（×10³hm²）		当年实灌面积（×10³hm²）	当年改善灌溉面积（×10³hm²）	
州城镇	1.8	91.89		0		1.8	1.89		1.89
沙河站镇	5.4	5.3		0.1		3.4	5.3	0.5	5.4
彭集镇	4.65	4.57		0.08		0.09	4.65		3.5
东平镇	3.76	2.88		0.12	0.76	1.56	1.8	0.04	2.16
接山乡	13.2	10.7	2	0.5		5.3	10.7	0.13	3.33
大羊乡	2.2	1.7	0.1	0.1	0.3	1.7	1.7	0.2	1.5
梯门乡	1.95	1.87		0.07	0.01	2.08	1.87	0.02	1.6
老湖镇	2.22	2.22				0.36	2.22		1.87
新湖乡	4.42	3.2	0.5	0.5	0.22	0.23	3.2		3.2
商老庄乡	3.1	3		0.1		0.3	3		3
戴庙乡	4.32	4.19		0.13		1.7	3.5	0.6	3.7
银山镇	3.7	3.4	0.3			1	3.4		2.15
斑鸠店镇	4	3.9	0.06		0.04	1	4	0.15	0.52
旧县乡	0.97	0.91		0.04	0.02		0.57	0.02	0.52

第二章　土壤与耕地资源状况

第一节　土壤类型与分布

一、土壤类型

在东平县半干旱半湿润气候条件下，由于地理条件、成土母质、潜水状况的差异，发育成不同的土壤类型。1985 年第二次土壤普查时，将东平土壤分为了 4 个土类：褐土、潮土、风砂土、水稻土。其中风砂土和水稻土所占比例极小，占总面积的 0.66%。又分为 8 个亚类，14 个土属，74 个土种。

按分布范围，全县可分为两大土区，即大清河北褐土区及大清河南与沿湖周围的潮土区。在潮土区的局部低洼地区，由于季节性积水，生长耐湿植物，形成湿潮土或黑潮土。因此，湖区中部和西部、稻屯洼、汇河洼有湿潮土分布。

褐土区分为 6 个土属：褐土性土、黄土母质褐土、坡洪积褐土、洪积褐土、洪积潮湿土、洪冲积潮褐土。

褐土性土分布在丘陵上部，黄土母质褐土和坡洪积褐土分布在丘陵中部的中上部，洪积褐土和洪积潮褐土分布在山前平地，洪冲积潮褐土仅在洪冲积物形成的山前缓平地上有零星分布。地形部位由高至低依次为：褐土性土、黄土母质褐土、洪坡积褐土、洪积褐土、洪积潮褐土和洪冲积潮褐土。

潮土区由东至西，随着地势的缓降，依次分布石灰性河潮土、褐土化潮土、潮土和湿潮土。

石灰性河潮土主要分布在大清河沿岸、彭集以东至南城子一带。褐土化潮土分布在彭集以西至州城的孙岗、荷花楼以东的较高处。潮土主要分布在州城周围，以及城南至二级湖堤之间。潮湿土集中分布在湖区中间的浅平洼地。

水稻土分布在商老庄乡的东部大安山西。风砂土分布在戴庙乡十里堡和郭那里村。

1985 年，商老庄乡、戴庙乡、银山镇、斑鸠店镇从梁山县划入东平县，1996 年旧县乡从平阴县划入东平县。为此，对全县的土壤类型重新进行了整理归类（见表 2-1）。

表 2-1　　　　　　　　　　东平县土壤归属表(区划后)

<table>
<tr><th rowspan="2">土类</th><th rowspan="2">亚类</th><th colspan="2">土属</th><th colspan="2">土种</th></tr>
<tr><th>名称</th><th>群众名称</th><th>名称</th><th>群众名称</th></tr>
<tr><td rowspan="20">褐土</td><td rowspan="3">褐土性土</td><td rowspan="3">钙质岩类</td><td rowspan="3">石渣土</td><td>多砾质中壤钙质岩褐土性土</td><td>石碴土</td></tr>
<tr><td>中砾质钙质岩类褐土性土</td><td></td></tr>
<tr><td>壤质薄层钙质岩褐土性土</td><td></td></tr>
<tr><td rowspan="11">褐土</td><td rowspan="3">黄土母质</td><td rowspan="17">黄土</td><td>均质中壤黄土母质褐土</td><td>金黄土</td></tr>
<tr><td>厚砂姜腰中壤黄土母质褐土</td><td>砂姜腰金黄土</td></tr>
<tr><td>轻壤表壤均质黄土母质褐土</td><td></td></tr>
<tr><td rowspan="4">坡积洪积物</td><td>中层轻壤坡洪积褐土</td><td>薄黄土</td></tr>
<tr><td>厚黏心中壤坡积褐土</td><td>板黄土</td></tr>
<tr><td>均质中壤坡洪积褐土</td><td>软黄土</td></tr>
<tr><td>轻壤表壤均质坡洪积褐土</td><td></td></tr>
<tr><td rowspan="4">洪积褐土</td><td>厚黏心中壤洪积褐土</td><td>黄黏土</td></tr>
<tr><td>砂姜腰中壤洪积褐土</td><td>澥黄土</td></tr>
<tr><td>均质中壤洪积褐土</td><td>胖黄土</td></tr>
<tr><td>均质轻壤洪积褐土</td><td></td></tr>
<tr><td rowspan="6">潮褐土</td><td rowspan="4">洪积潮褐土</td><td>厚黏心中壤洪积潮褐土</td><td>涝黄土</td></tr>
<tr><td>均质重壤洪积潮褐土</td><td>黏黄土</td></tr>
<tr><td>厚黏腰中壤洪积潮褐土</td><td>油黄土</td></tr>
<tr><td>均质中壤洪积潮褐土</td><td>壮黄土</td></tr>
<tr><td rowspan="2">洪积潮褐土</td><td>厚黏腰中壤洪冲积潮褐土</td><td>老黄土</td></tr>
<tr><td>均质轻壤洪冲积潮褐土</td><td>砂黄土</td></tr>
</table>

续表

土类	亚类	土属		土种	
		名称	群众名称	名称	群众名称
潮土	褐土化潮土	褐土化潮土		均质轻壤褐土化潮土	二合土
				厚壤心砂壤褐土化潮土	砂二合土
				厚砂腰轻壤褐土化潮土	倒金二合土
				厚黏壤腰轻壤褐土化潮土	蒙金土
				厚黏心中壤褐土化潮土	二金土
				厚黏腰中壤褐土化潮土	小黑土
	潮土	潮土		均质轻壤潮土	金二合土
				均质中壤潮土	小红土
				厚黏心中壤潮土	湖淤土
				厚砂心轻壤潮土	漏砂二合土
				薄黏心轻壤潮土	
				薄黏心中壤潮土	
				薄黏腰轻壤潮土	
				厚砂心黏质潮土	
				厚砂腰中壤潮土	
				厚砂腰重壤潮土	
				厚黏腰轻壤潮土	
				均质重壤潮土	
				轻壤质耕层以下砂均质潮土	
				砂壤质厚黏心潮土	白砂地
				砂壤质均质潮土	白砂地
				砂壤质均质中度盐化潮土	
				黏均质潮土	
				黏土均质潮土	红淤
				黏土质厚砂腰潮土	红淤
				黏质厚砂心盐化潮土	
				中壤质薄黏腰潮土	二合土
				中壤质厚黏心潮土	二合土
				重壤质薄砂心潮土	二合土
				重壤质厚砂心潮土	红淤
				紧砂表黏质潮土	
				轻壤质厚黏心中度盐化潮土	
				中壤质厚黏底重度盐化潮土	
				中壤质耕层以下砂均质潮土	
				中壤厚黏腰潮土	
		河潮土		厚砂腰轻壤石灰性河潮土	倒金土
				均质轻壤石灰性河潮土	砂壤土
				厚壤腰砂壤石灰性河潮土	肥砂土
				均质砂壤石灰性河潮土	飞砂土
				厚壤心砂壤石灰性河潮土	薄砂土

续表

<table>
<tr><th rowspan="2">土　类</th><th rowspan="2">亚　类</th><th colspan="2">土　属</th><th colspan="2">土　种</th></tr>
<tr><th>名　称</th><th>群众名称</th><th>名　称</th><th>群众名称</th></tr>
<tr><td rowspan="12"></td><td></td><td></td><td></td><td>厚砂心轻壤石灰性河潮土</td><td>漏砂土</td></tr>
<tr><td></td><td>湖积黑潮土</td><td>黑黏土</td><td>黏均质湖积黑潮土</td><td>黑黏土</td></tr>
<tr><td rowspan="10">湿潮土</td><td rowspan="7">冲积湿潮土</td><td rowspan="7">淤土</td><td>均质中壤湿潮土</td><td>老淤土</td></tr>
<tr><td>薄黏心轻壤冲积湿潮土</td><td></td></tr>
<tr><td>厚砂腰黏质冲积湿潮土</td><td></td></tr>
<tr><td>厚黏心中壤冲积湿潮土</td><td></td></tr>
<tr><td>黏均质重壤冲积湿潮土</td><td></td></tr>
<tr><td>均质黏质冲积湿潮土</td><td></td></tr>
<tr><td></td><td></td></tr>
<tr><td rowspan="3">湖积湿潮土</td><td rowspan="3">鸡粪土</td><td>黏均质湖积湿潮土</td><td>死鸡粪土</td></tr>
<tr><td>厚壤心重壤湖积湿潮土</td><td>濉鸡粪土</td></tr>
<tr><td>厚黏心中壤湖积湿潮土</td><td>僵鸡粪土</td></tr>
<tr><td>风砂土</td><td>草甸风砂土</td><td>冲积流动草甸风砂土</td><td></td><td>松砂质均质流动风砂土</td><td></td></tr>
<tr><td rowspan="2">水稻土</td><td rowspan="2">淹育水稻土</td><td rowspan="2">湿潮土型淹育水稻土(浅潮泥田)</td><td rowspan="2"></td><td>重壤表厚壤心湿潮土型幼年水稻土</td><td></td></tr>
<tr><td>重壤表黏均质湿潮土型幼年水稻土</td><td></td></tr>
</table>

注:表:即表土或耕层,指 0～20cm 的土层;心:即浅位,指 20～60cm 的部位;腰:即中位,指 60～100cm 的部位;底:即深位,指大于 100cm 的部位;均质:即 0～100cm 土体质地均一。

2006 年开始实施测土配方施肥项目后,按照省土肥总站要求,为了方便省级和国家级汇总整理,全县除土种保留原来名称不变外,对亚类、土属统一按要求进行了重新划分归类(见表 2-2)。

表 2-2　　　　东平县土壤归属表(按省级标准重新划分后)

土类		亚类		土属		土种			
名称	编号	名称	编号	名称	编号	名称	编号	群众名称	原土壤图代号
粗骨土	C25	钙质粗骨土	C253	石灰岩类钙质粗骨土	C25311	多砾质中壤钙质岩褐土性土		坡黄土	1_1
						中砾质钙质岩类褐土性土			1_2
						壤质薄层钙质岩褐土性土			1_3
褐土	C21	典型褐土	C211	黄土质褐土	C21111	均质中壤黄土母质褐土		立黄土	2_1
						厚砂姜腰中壤黄土母质褐土			2_2
						轻壤表壤均质黄土母质褐土			2_3
				石灰岩类褐土(灰质褐土)	C21112	中层轻壤坡洪积褐土		黄钙土	3_1
						厚黏心中壤坡积褐土			3_2
						均质中壤坡洪积褐土			3_3
						轻壤表壤均质坡洪积褐土			3_4
				洪积褐土	C21113	厚黏心中壤洪积褐土			4_1
						砂姜腰中壤洪积褐土			4_2
						均质中壤洪积褐土			4_3
						均质轻壤洪积褐土			4_4
		潮褐土	C214	石灰性潮褐土	C21412	厚黏心中壤洪积潮褐土		黄泥土	5_1
						均质重壤洪积潮褐土			5_2
						厚黏腰中壤洪积潮褐土			5_3
						均质中壤洪积潮褐土			5_4
						厚黏腰中壤洪冲积潮褐土			6_1
						均质轻壤洪积潮褐土		砂黄土	6

二、土壤分布的地域性特点

东平县地形比较复杂，既有丘陵，又有平原、洼地。由于地形、母质和潜水等区域因素的影响，使土壤在地理分布上产生了地域性差异。

丘陵区地形部位较高，潜水埋藏较深，母质多是石灰岩风化物和黄土母质。降水较少，土壤经常处于干旱或半干旱状态，多分布褐土。

褐土区随着土壤所处部位不同，成土母质类型产生差异。潜水影响也不一样，丘陵上部潜水很深，土壤不受潜水影响，丘陵下部潜水埋深为6～8m，潜水作用直接影响心土层。这样，由于母质类型和潜水影响的差别，褐土区随着丘陵中上部的梯田或荒岭坡、下部的阶地、山前洪冲积平原等不同的部位，依次分布着不同的亚类褐土性土、褐土和潮褐土（注：钙质岩类褐土性土按新标准划为粗骨土）。同时，在每个亚类区域内，又分布着不同的土属。如在褐土亚类的阶地区域中，上部分布着坡洪积褐土、黄土质褐土，下部分布着洪积褐土。潮褐土亚类中，分布着洪积潮褐土和洪冲积潮褐土。所以，北部丘陵地区土壤地域性分布明显。

大清河以南冲积平原区是由黄河和大清河共同沉积而成的，成土母质为大汶河和黄河沉积物，潜水埋深为3～5m。潜水通过毛细管的上升作用，有的地方可直达地表而返潮，心土层氧化还原反应交替发生。土壤随着地形由东北至西南渐次缓降，大汶河冲积母质影响从大到小，而黄河母质呈现从东向西由小到大的变化规律。随着地形部位的变化和成土母质交替，土壤呈现规律性分布，在彭集龙固一带为石灰性河潮土，州城一带为潮土，中间为褐土化潮土（脱潮土）。东平湖周围平原洼地完全由黄河沉积而成，沿湖由内而外依次呈现湿潮土、典型潮土、褐土化潮土（脱潮土）。

三、土壤类型面积分布

在这次土壤类型划分过程中，利用MAPGIS软件对全县土属、土种面积进行了量算，掌握了全县各土壤面积的分布情况，是1985年区划后的第一次面积统计，填补了全县几十年来的一项空白工作，具有十分重要的意义。

全县总面积为133939.92hm^2，其中土地面积为117143.86hm^2，湖泊面积为16394.24hm^2，裸岩面积为401.82hm^2。按新标准，全县划分为5个土类：粗骨土、褐土、潮土、水稻土、风砂土（见表2-3）。

（一）粗骨土

总面积为9375.79hm^2，占总土地面积的8%。亚类是钙质粗骨土，土属为石灰岩类钙质粗骨土，分为3个土种，主要分布在北部丘陵山区的上部。

（二）褐土

总面积为40811.5hm^2，占总土地面积的34.8%。2个亚类：典型褐土（面积为34235.01hm^2）和潮褐土（面积为6576.44hm^2）。典型褐土分黄土质褐土、石灰岩类褐土和洪积褐土3个土属。潮褐土分石灰性潮褐土土属。主要分布在大清河与东平湖的北部地区，以及东平湖西部的丘陵区。

（三）潮土

总面积为 66179.72hm²，占总土地面积的 56.5%，是全县最大的土壤类型，分布最广。4 个亚类：脱潮土、典型潮土、湿潮土、盐化潮土。又分为 11 个土属，46 个土种。主要分布在大清河以南、东平湖西南区域和大清河北的稻屯洼、汇河洼一带。

（四）风砂土

总面积为 334.85hm²，占总土地面积的 0.28%，分布在戴庙乡十里堡和郭那里村，西临黄河。

（五）水稻土

总面积为 442hm²，占总土地面积的 0.38%，分布在商老庄乡的东部大安山西。

表 2-3　　东平县土壤类型面积分布统计表

土类		亚类		土属		土种	
名称	面积（hm²）	名称	面积（hm²）	名称	面积（hm²）	名称	面积（hm²）
粗骨土	9375.79	钙质粗骨土	9375.79	石灰岩类钙质粗骨土	9375.79	多砾质中壤钙质岩褐土性土	7192.57
						中砾质钙质岩类褐土性土	495.58
						壤质薄层钙质岩褐土性土	1687.64
褐土	40811.5	典型褐土	34235.01	黄土质褐土	9924.94	均质中壤黄土母质褐土	8880.21
						厚砂姜腰中壤黄土母质褐土	348.24
						轻壤表壤均质黄土母质褐土	696.49
				石灰岩类褐土（灰质褐土）	11023.24	中层轻壤坡洪积褐土	1567.1
						厚黏心中壤坡积褐土	1379.58
						均质中壤坡洪积褐土	5384.38
						轻壤表壤均质坡洪积褐土	2692.18
				洪积褐土	13286.83	厚黏心中壤洪积褐土	2223.4
						砂姜腰中壤洪积褐土	160.73
						均质中壤洪积褐土	9335.61
						均质轻壤洪积褐土	1567.09
		潮褐土	6576.44	石灰性潮褐土	6576.44	厚黏心中壤洪积潮褐土	1433.16
						均质重壤洪积潮褐土	281.27
						厚黏腰中壤洪积潮褐土	2705.58
						均质中壤洪积潮褐土	950.97
						厚黏腰中壤洪冲积潮褐土	790.25
						均质轻壤洪积潮褐土	415.21

续表

<table>
<tr><th colspan="2">土 类</th><th colspan="2">亚 类</th><th colspan="2">土 属</th><th colspan="2">土 种</th></tr>
<tr><td rowspan="32">潮土</td><td rowspan="32">66179.72</td><td rowspan="6">脱潮土</td><td rowspan="6">9777.62</td><td rowspan="4">壤质脱潮土</td><td rowspan="4">8398.04</td><td>均质轻壤褐土化潮土</td><td>7005.06</td></tr>
<tr><td>厚壤心砂壤褐土化潮土</td><td>267.88</td></tr>
<tr><td>厚砂腰轻壤褐土化潮土</td><td>964.37</td></tr>
<tr><td>厚黏壤腰轻壤褐土化潮土</td><td>160.73</td></tr>
<tr><td rowspan="2">黏壤质脱潮土</td><td rowspan="2">1379.58</td><td>厚黏心中壤褐土化潮土</td><td>187.52</td></tr>
<tr><td>厚黏腰中壤褐土化潮土</td><td>1192.06</td></tr>
<tr><td rowspan="26">典型潮土</td><td rowspan="26">38537.73</td><td rowspan="2">砂质潮土</td><td rowspan="2">5491.54</td><td>砂壤质厚黏心潮土</td><td>254.49</td></tr>
<tr><td>砂壤质均质潮土</td><td>5237.05</td></tr>
<tr><td rowspan="4">壤质潮土</td><td rowspan="4">1848.38</td><td>厚砂心轻壤潮土</td><td>174.13</td></tr>
<tr><td>薄黏心轻壤潮土</td><td>227.7</td></tr>
<tr><td>薄黏腰轻壤潮土</td><td>495.58</td></tr>
<tr><td>轻壤质耕层以下砂均质潮土</td><td>950.97</td></tr>
<tr><td rowspan="8">黏壤质潮土</td><td rowspan="8">9191.99</td><td>均质中壤潮土</td><td>4165.53</td></tr>
<tr><td>厚黏心中壤潮土</td><td>2504.68</td></tr>
<tr><td>薄黏心中壤潮土</td><td>120.55</td></tr>
<tr><td>厚砂腰中壤潮土</td><td>93.76</td></tr>
<tr><td>中壤质耕层以下砂均质潮土</td><td>482.18</td></tr>
<tr><td>中壤质薄黏腰潮土</td><td>750.06</td></tr>
<tr><td>中壤质薄黏腰潮土</td><td>750.06</td></tr>
<tr><td>中壤表砂体冲积黑潮土</td><td>512.68</td></tr>
<tr><td rowspan="7">黏质潮土</td><td rowspan="7">10299.49</td><td>厚砂腰重壤潮土</td><td>1205.46</td></tr>
<tr><td>重壤表黏均质潮土</td><td>991.16</td></tr>
<tr><td>重壤质厚砂心潮土</td><td>549.15</td></tr>
<tr><td>黏均质潮土</td><td>562.55</td></tr>
<tr><td>黏土均质潮土</td><td>3469.05</td></tr>
<tr><td>紧砂表黏质潮土</td><td>214.3</td></tr>
<tr><td>黏土表厚砂腰潮土</td><td>3307.82</td></tr>
<tr><td rowspan="4">河潮土</td><td rowspan="4">11706.33</td><td>厚砂腰轻壤石灰性河潮土</td><td>1593.88</td></tr>
<tr><td>均质轻壤石灰性河潮土</td><td>5170.08</td></tr>
<tr><td>厚壤腰砂壤石灰性河潮土</td><td>1794.79</td></tr>
<tr><td>均质砂壤石灰性河潮土</td><td>2210.01</td></tr>
</table>

续表

土类		亚类		土属		土种	
						厚壤心砂壤石灰性河潮土	214.3
						厚砂心轻壤石灰性河潮土	723.27
		湿潮土	17315.22	壤质湿潮土	93.76	薄黏心轻壤冲积湿潮土	93.76
				黏壤质湿潮土	1446.55	均质中壤湿潮土	428.61
						厚黏心中壤冲积湿潮土	669.7
						厚黏心中壤湖积湿潮土	348.24
				黏质湿潮土	15774.91	厚壤心重壤湖积湿潮土	2930.07
						黏均质重壤冲积湿潮土	1004.55
						厚砂腰黏质冲积湿潮土	294.67
						黏均质湖积黑潮土	8210.51
						均质黏质冲积湿潮土	1299.22
						黏均质湖积湿潮土	2035.89
		盐化潮土	549.15	氯化物盐化潮土	549.15	砂壤表砂均质中度盐化潮土	281.27
						轻壤表厚砂心轻度盐化潮土	53.58
						轻壤表厚黏腰中度盐化潮土	214.3
风砂土	334.85	草甸风砂土	334.85	冲积流动草甸风砂土	334.85	松砂质均质流动风砂土	334.85
水稻土	442	淹育水稻土	442	湿潮土型淹育水稻土(浅潮泥田)	442	重壤表厚壤心湿潮土型幼年水稻土型	80.36
						重壤表黏均质湿潮土型幼年水稻土型	361.64

第二节　土地利用状况

一、土地利用现状

根据2008年东平县国土资源局提供的统计数据，东平县土地总面积为1.339×10^5 hm^2，三大地类结构为：农用地面积为$9.45\times10^4 hm^2$，建设用地面积为$1.63\times10^4 hm^2$，未利用地面积为$2.31\times10^4 hm^2$，分别占土地总面积的70.6%、12.2%和17.2%。农用地中，耕地面积为$6.85\times10^4 hm^2$，园地面积为$0.12\times10^4 hm^2$，林地面积为$1.22\times10^4 hm^2$，其他农用地面积为$1.26\times10^4 hm^2$，分别占农用地面积的72.5%、1.3%、12.9%、13.3%；建设用地中，建筑与农村居民点及工矿用地面积为$1.42\times10^4 hm^2$，交通运输用地面积为$0.11\times10^4 hm^2$，水利设施用地面积为$0.1\times10^4 hm^2$，分别占建设用地面积的87.1%、6.74%、6.13%(见表2-4)。

表 2-4　　东平县土地利用现状表

单　位	土地面积（667m²）	合计（667m²）	耕地合计（667m²）	农用地				园地（667m²）	林地（667m²）	其他农用地（667m²）	建设用地（667m²）	交通用地（667m²）	水域（667m²）	未利用地（667m²）
				水浇地（667m²）	水田（667m²）	旱地（667m²）	菜地（667m²）							
合计	2009098	1417904	1027066.4	773481	3582	246716	3285	182 87.8	183 167	1893 83.3	213096	16849.1	14522	346725.5
东平镇	219340.6	154525.2	97402.8	59322.1		37560	520.7	3929.2	20573	32620.2	37010.2	2998.8	895.7	23910.7
州城镇	98820.7	74150.8	853765.3	353047.3		249.5	468.5	1832.7	8639.6	9913.2	13758.6	1365.5	1767.6	7778.2
沙河站镇	99313.7	83654.5	73018.7	72543.7		213.7	261.3	809.3	4370	5456.5	13817.4	1216.5	290.6	334.7
彭集镇	112440.1	87925.2	74557.1	73925.6		261.3	370.2	295.6	7688.2	5384.3	16440.1	1099.8	813.3	6161.7
老湖镇	169340.8	90610.7	66969	31957.4		434654	356.8	960.5	7968.5	14712.7	15268	859.6	366.8	62235.7
银山镇	157101.2	85501.5	59732.3	55315.7		4355.2	61.4	445.2	17254.3	8069.7	21069.6	625.3	1184.5	48720.3
斑鸠店镇	113932.5	78930.8	58665.3	56108.6		2547.2	9.5	228.9	15007.1	5029.5	16149.4	436.4	1267.2	17148.7
接山乡	223795.1	183099.2	132876.4	81272.1		51225	379.3	812	29868.6	19542.2	18741.9	1859.7	2083.6	18010.7
大羊乡	139975.5	116430.3	85516.3	40996.6		44458	61.4	3507.3	12099.5	15307.2	12414.5	1828.5	613.3	8688.9
梯门乡	140780.2	111521	78344.8	33391.9		44773	179.3	2324.3	15356.6	15495.3	11749.1	1139	224.9	16146.2
新湖乡	157476.5	135322.4	93586.4	93356		120.9	109.5	2026.9	15750.7	23958.4	12859.2	1204.8	1752.9	6337.2
商老庄乡	139403.2	75696.1	54388.8	50059.6	3582	737.4	9.5	481	5400.9	15365.4	6037.5	844.5	517.8	56307.3
戴庙乡	130966.4	77321.2	60811.7	57711.8		3081.3	18.6	239	6849.4	9421.1	7959.9	745.8	1566	43373.5
旧县乡	106411.5	63216	37431.5	14473.5		22478	479.7	395.6	1628	9107.6	9821.1	624.9	1177.8	31571.7

（一）耕地保有量

据东平县国土资源局土地利用现状更新调查数据显示，2010 年全县耕地保有量约为 68656.9hm²。上轮规划确定 2000 年末全县耕地保有量目标为 68410.5hm²，10 年内面积增加了 200hm²，增幅为 0.29%。这主要是通过采取东平湖滩区治理、土地开发复垦以及其他农用地改造等措施，确保了耕地面积的保有量。本轮规划希望全县实有耕地面积为 69014.7hm²，比 2000 年规划确定的耕地保有量目标增加 604.2hm²，比 2010 年目标增加 357.8hm²，实现 2010 年规划目标的 100.52%。

（二）基本农田面积

根据东平县国土资源局土地利用现状更新调查结果，东平县 2009 年基本农田保护面积为 5.99×10^4 hm²，1996～2008 年基本农田面积稳定在 5.92×10^4 hm²，增加了 1.2 个百分点。由于执行了严格的基本农田保护政策，东平县基本农田调整规模较小，从而保证了基本农田保护面积的稳定。

二、土地利用结构状况

根据东平县国土资源局提供的调查结果，全县土地利用结构状况发生了很大变化。2008 年末，东平县农用地、建设用地、未利用地的比例结构分别占土地总面积的 70.6%、12.2%和 17.2%。与 2000 年相比，农用地基本稳定，略有下降，所占土地总面积的比重下降近 1 个百分点，建设用地所占比重上升约 3 个百分点，未利用地所占比重下降 2 个百分点。在农用地中，土地结构有所调整，基本农田与耕地保有量面积基本稳定，略有增加，其他略有减少。建设用地面积均有不同程度的增加，致使建设用地占用土地总面积的比重增加较大。

三、土地利用程度和复种指数情况

通过对数据资料分析，东平县人均占有土地面积为 0.171hm^2。土地农业用地总面积占土地总面积的 50.98%(土地农业利用率)，非农业用地占土地总面积的 40.02%(土地非农业利用率)。沟、林、路、渠占地比率为 1.45%，农、林、牧用地结构比例(农地面积∶林地面积∶牧地面积)为 9∶1∶0。抗旱灌溉面积的比率增幅较大，2009 年达到 72.77%(有效灌溉面积/耕地面积)。全县耕地平均化肥施肥量(折纯量)为 610kg/hm^2。耕地平均耗电量为 2400kW/hm^2。

第二次土壤普查以来，土地利用程度和复种指数进一步提高，土地生产能力得到进一步增强，促进了农业可持续发展，实现了农业由数量型向效益型、由粗放型向集约型的转变。

随着改革开放和经济建设的快速发展，种植业结构得到进一步调整和优化，依靠科技进步发展振兴农业。特别是立体栽培及高产、高效、农业的发展，使耕地利用率大幅提高。到 2009 年末，全县耕地面积为 1027000(667m^2)，农作物播种面积为 1860000(667m^2)，夏粮面积为 817000(667m^2)，秋粮面积为 750000(667m^2)，棉花播种面积为 54000(667m^2)，油料作物播种面积为 65000(667m^2)。蔬菜瓜类播种面积为 158000(667m^2)，复种指数为 181.1%，比 1985 年(第二次土壤普查时的复种指数为 147.1%)提高了 34 个百分点。

间作套种、立体种植及一年两收等高产、高效栽培模式的推广应用，使耕地得到充分利用，复种指数有了显著提高。特别是作物优良品种、农业新技术和新成果在生产上的应用与农业产业化的发展，极大地提高了土地的生产能力，粮食产量和农业经济效益都有了大幅提高。但是，随着城市化进程的加快和经济建设快速发展，城市建设用地、企业用地、交通建设用地、水利设施占地的不断增加，使耕地面积逐年减少，农业生产可利用面积逐渐萎缩变小，发展空间受到限制。因此，加大种植制度改革和种植业内部结构调整力度，发展立体栽培、保护地栽培、间作套种等种植模式，最大限度地发挥土地的生产潜力，向土地要产量、要效益，提高土地实际利用率，是现代农业发展的必由之路。

第三节　耕地利用与管理

一、耕地利用现状

全县的耕地利用结合国家生态环境建设、商品粮基地建设、农业综合开发建设、测土配方施肥建设、标准粮田建设、农村沼气建设等重大建设项目，实施土地改良利用综合治理活动，大面积推广秸秆还田、增施有机肥、深耕改土等土壤培肥措施，增加了机电井输电线路改造、输水管道埋设、林田路渠治理等一系列农田水利设施建设，有效提高了土壤地力和抗旱能力，促进了全县农业生产的稳产、高产、高效益。为提高耕地资源利用率，着重合理调整优化耕地利用结构。以提高经济效益为中心，在全县大力开展了高产创建活动，促进三高（高产、优质、高效）农业的发展。东平县具体利用现状如表 2-5 所示。

表 2-5　　东平县耕地利用现状

	总面积	东平镇	州城镇	沙河站镇	彭集镇	老湖镇	银山镇	斑鸠店镇	接山乡	大羊乡	梯门乡	新湖乡	商老庄乡	戴庙乡	旧县乡
合计（$667m^2$）	1027066	97402	53765	73019	74557	66969	59732	58665	13288	85516	78345	93586	54389	60812	37431
水田（$667m^2$）	3582.3	0	0	0	0	0	0	0	0	0	0	0	3582	0	0
水浇地（$667m^2$）	773482	59322	53047	72544	73925	31957	55315	56109	81272	40007	33392	93356	50059	57712	14473
旱地（$667m^2$）	246717	37560	249.5	213.7	261.3	34655	4355	2547	51225	44458	44774	120.9	737.4	3081	22478
菜地（$667m^2$）	3286	520.7	468.5	261.3	370.2	356.8	61.4	9.5	379.3	61.4	179.3	109.5	9.5	18.6	479.7

土地是农业的基础，耕地是农业生产的前提条件。一切优质高产的农作物品种及其栽培模式都必须建立在安全、肥沃、协调的土壤之上。

1983 年 7 月至 1984 年 12 月，在县政府和上级业务部门的领导下，对东平县进行了第二次土壤普查，系统划分了土壤类型，详细地分析了各种土壤类型的形成原因、存在问题以及改良利用方向，编绘了 1∶375000 的土壤、地貌、土地利用现状、土地评级、土壤表层质地及土体构型、土壤改良利用分区、土壤有机质含量分布、土壤速效磷含量分布、土壤全氮及碱解氮含量分布、土壤速效钾含量分布等 10 幅图，基本查清了全县的土地资源，土壤养分情况，土壤养分类型及分布，土地生产力评级，低产土壤面积、分布及其障碍因素类型。

全县从 2006 年测土配方施肥补贴项目实施以来，由于行政区划原因，东平湖西部 5 个乡镇先后划入东平县，为了整理出完整的土壤分布图及土体构型图等资料，多次到梁山县、平阴县搜集资料，重新汇总整理基本图件，调查了东平县耕地利用现状，填补了过去多年来耕地资料方面的空白，为开展地力评价工作奠定了基础。

2006 年和 2007 年采集土样 4149 个，2008 年采集土样 3614 个，2009 年采集土样 1080 个，累计采集化验土样 8843 个，分析测试了土壤氮、磷、钾等各类物理化学性状共 19 个项目，其中用于地力评价的典型样点 2048 个，编制了 21 幅数字化成果图件，编写了工作报告、技术报告和专题报告。通过开展地力评价，撰写完成了“一本书”(三个报告合订的验收材料)，形成了“一套图”(21 幅数字化图)，建立了“两个系统”(测土配方施肥管理系统、耕地资源管理信息系统)，为将来的东平县基本农田保护、耕地质量管理提供了科学数据。

二、历年耕地施肥状况分析

(一)有机肥施肥现状

东平县主要的种植作物为小麦、玉米、花生、棉花、大豆、地瓜、蔬菜、果树等。据调查，在 2008 年以前，粮田的平均农家有机肥用量不足 1000kg，有半数以上的农户基本不使用有机肥，很少有农户在作物上主动施有机肥。重用轻养，有机肥用量严重偏低，已经严重制约了耕地质量的稳步提高。目前的有机肥可分为商品有机肥和农家有机肥两大类，农家有机肥的品种有人粪尿、猪粪尿、牛粪尿、羊粪尿、鸡粪、蚕砂、兔粪、鸭粪；猪圈粪、牛栏肥、羊圈粪、沼气肥；麦秸、玉米秸；豆饼、酒糟、酱油渣、醋渣、粉渣；草木灰、沟泥等。商品有机肥是由企业按国家标准生产出的以有机质为主的肥料。有机肥以作基肥使用为主。

2008 年东平县开始实施现代农业项目，在项目区示范推广秸秆还田、施用商品有机肥为主的地力培肥工作。通过示范带动，小麦的秸秆还田率在 2009 年已达到 85%，玉米由以前的不足 8%发展到 35%，商品有机肥的应用也在农村得到了广泛的认可。

(二)化肥施用现状

1. 化肥使用总量

2009 年全县化肥用量(折纯)为 41751 吨，氮肥为 24154 吨，磷肥为 10481 吨，钾肥为 7035 吨，其中复混肥(复合肥)及大量元素冲施肥料为 35097 吨，有机无机肥料为 1400 吨；中微量元素肥料(实物)为 42 吨，各类叶面肥料(实物)为 15 吨。全县耕地每亩平均使用化肥(折纯)为 40.73kg。种植作物用肥量(折纯)：小麦为 25.2kg/667m^2，玉米为 22.5kg/667m^2，大豆为 10kg/667m^2，花生为 20.5kg/667m^2，大蒜为 22.6kg/667m^2。

2. 农民施肥现状

在小麦种植上，有机肥用量较少，一般复合肥 40～50kg 作为基肥，于耕翻时进行撒施，对生长较弱的 般于拔节期随浇水撒施尿素 10～15kg 作为追肥。在全县，农民种植玉米很少使用有机肥和中微量元素肥料，以氮肥和复合肥为主，一般每亩施 45%的复合肥，或用 50～75kg 碳铵或 20～30kg 尿素于喇叭口期作追肥。少数群众每亩施锌肥 0.5kg，全县作物平均投入产出比为 1∶(2～2.5)。随着测土配方施肥在全县的开展和推广，农民施肥习惯有了很大改变，农民开始注重科学施肥、配方用肥，通过对配方肥用户进行调查，配方肥推广满意度在 95%以上。

(三)历史施用化肥数量变化趋势

据调查，1980 年全县平均每亩施化肥(折纯)：氮肥为 9.12kg，磷肥为 0.38kg，钾肥为 0.096kg，合计为 9.6kg；1990 年全县平均每亩施化肥(折纯)：氮肥为 11.6kg，磷肥为 1.42kg，钾肥为 0.91kg，合计为 13.93kg；2000 年全县平均每亩施化肥(折纯)：氮肥为 11.32kg，磷肥为 4.3kg，钾肥为 2.37kg，合计为 17.95kg；2005 年全县平均每亩施化肥(折纯)：氮肥为 14.2kg，磷肥为 7.8kg，钾肥为 5.9kg，合计为 27.9kg；2009 年全县平均每亩施化肥(折纯)：氮肥为 13.56kg，磷肥为 7.22kg，钾肥为 4.95kg，合计为 25.73kg。

目前，每年每亩使用化肥总量已由 20 世纪 80 年代初的 9.6kg 增加到 40.73kg。随着新品种的推广应用和复种指数的增大、产量的提高，用肥结构发生了很大变化，农家肥、土杂肥用量越来越少，无机肥用量越来越大。随着农民对无机肥逐渐由不认识到认识，到现在形成了过度依赖无机肥的情况，土壤耗肥也随之加重，再加上盲目施肥，施肥数量连年增加，而且施肥比例出现了极不合理的现象，氮肥用量最高，磷肥次之，钾肥较少，在一部分乡镇土壤中出现了富磷缺钾的情况。2006 年测土配方施肥项目实施后，通过加大配方施肥技术的宣传力度，逐步扭转了这种现状，施肥数量略有下降，施肥结构正在趋于合理。下一步调整的方向是扩大有机肥用量，实行按方施肥、按作物施肥，改变施肥方式，以提高肥料利用率，从而达到减少不合理施肥量、调整施肥结构、促进增产的目的。

(四)历史粮食产量变化趋势

根据东平县统计局提供数据，以小麦、玉米单产为例(见表 2-6、图 2-1 和图 2-2)，近几年来粮食生产量单从年度对比来看，1980～1995 年粮食总产量逐年递增，1995 年达到历史最高水平，主要是由于小麦新品种、玉米杂交种的推广和肥料投入的加大；1996～2000 年粮食总产量逐年递减，单产有所增长，但增长缓慢，主要由于倡导结构调整，加上粮食价格低，种植效益不高，导致播种面积的下降；2001～2009 年粮食总产量又再次逐年递增，达到了一个新的高峰，2010 年小麦秋种面积为 815000(667m^2)。这主要是国家重视粮食生产，一系列惠农政策从 2003 年陆续出台，特别是良种补贴、小麦粮食直补、农机具补贴、测土配方施肥项目和现代农业项目的开展，使粮食生产的比较效益增加，大大提高了群众的种粮积极性，粮食播种面积逐渐增大，总产量稳步提高，2009 年粮食总产量达到 635750 吨，连续 5 年增产。

表 2-6　东平县重点作物历年施肥量及产量情况表

年份	小麦				玉米				小麦		玉米	
	总计(kg)	氮(kg)	磷(kg)	钾(kg)	总计(kg)	氮(kg)	磷(kg)	钾(kg)	总产量(吨)	种植面积(hm^2)	总产量(吨)	种植面积(hm^2)
1980	10.15	9.64	0.40	0.11	9.05	8.60	0.091	0.36				
1985	12.51	11.57	0.71	0.23	11.45	10.79	0.11	0.55				
1990	14.26	12.59	1.35	0.32	13.60	12.68	0.28	0.64				
1995	16.51	11.38	3.49	1.64	16.06	12.38	1.45	2.23				
2000	17.95	11.32	4.30	2.37	17.12	13.11	1.89	2.12	135675	30150	131680	21587
2001	18.60	10.65	4.58	2.77	17.94	12.23	2.03	3.68	147612	31229	137839	22134
2002	19.98	11.83	5.08	3.07	20.69	13.49	3.15	4.05	151973	29844	109170	23375
2003	22.86	12.02	7.56	3.28	22.31	14.37	3.35	4.59	169307	31051	142399	22603
2004	25.59	14.69	7.21	3.69	24.50	15.78	3.8	4.92	183664	30413	107618	23402
2005	28.00	14.38	9.62	4.0	25.45	15.90	4.24	5.31	210940	34801	205389	30280
2006	27.71	13.12	9.84	4.75	26.12	17.08	3.86	5.18	293560	47664	239178	34008
2007	26.87	13.25	8.96	4.66	25.20	16.24	3.92	5.04	312919	52389	256781	35137
2008	27.03	13.47	9.35	4.21	24.69	15.45	3.96	5.28	326661	52149	271569	36798
2009	26.52	13.45	8.40	4.67	23.93	15.32	3.62	4.98	346473	54333	276280	37209

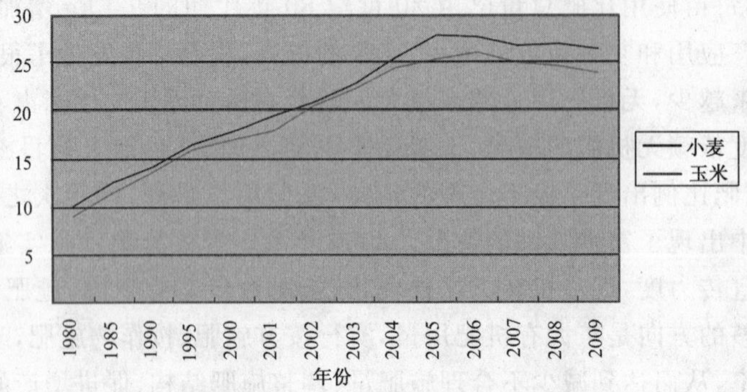

图 2-1 历年施肥量趋势图

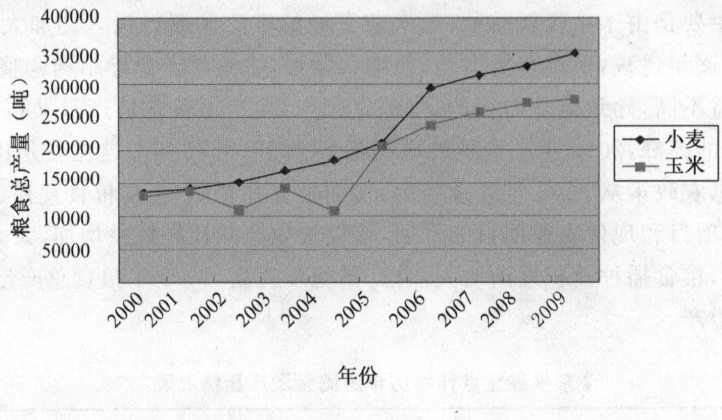

图 2-2 历年粮食总产量趋势图

（五）大量元素氮、磷、钾利用率

通过对全县施肥情况调查发现，撒施、过量施肥等现象比较突出，导致生产成本高、资源浪费极大、肥料利用率偏低。在全县不同地力条件下连续三年开展了“3414”试验，通过试验分析总结出了东平县小麦、玉米的肥料利用率和地力产量贡献率。通过试验反映出全县肥料的地力产量贡献率为50%～60%，属中等偏下水平，还有很大改进提高的空间。肥料利用率在地力条件高的地块较高，反之较差。全县的化肥利用率（尤其是氮肥利用率）与全国肥料利用情况相比，属偏低水平。其中，小麦的氮肥利用率极低，不仅浪费了资源，增加了生产成本，而且造成了对地下水的污染。在调查中发现，农民在小麦种植上施肥次数少，特别是底肥中氮肥的用量占了总用量的80%以上。小麦生育期长，氮肥过早施入时，由于氮素的挥发和淋溶，导致其肥效过早流失，不能有效发挥作用，是其利用率低的主要症结所在。通过开展测土配方施肥技术，要从两方面着手来解决这个问题：一是改变氮肥的使用方式，提高施肥次数，达到施肥时期与作物需肥规律相一致，特别是在小麦生产上推广氮肥后移延衰高产栽培技术；二是研究推广肥料的缓施控施技术，通过调节肥料施放速度达到与作物需肥时间同步，这样不仅能提高肥料的利用率，而且通过这种方式可以减少肥料用量，从而达到节本增效的目的。

在小麦作物上磷肥利用率也较低，这与磷肥的使用方法不当有关系，磷肥容易被土壤当中的其他离子固定，虽然磷肥一般可以作基肥，但如果撒施到田间，与土壤接触面较大，时间长了就会出现这种情况。解决的最好办法就是深施、分层施用和集中施用，同时可以与有机肥混合施用，从而减少与土壤的接触，增加与作物根系的接触，让有机肥分解的有机酸络合铁、铝、钙等，降低被固定的几率，提高利用率（见表 2-7）。

表 2-7　　小麦化肥利用率

产量分级	产量水平(kg)	氮肥	磷肥	钾肥
高	＞450	0.2	0.15	0.36
中	350～450	0.2	0.11	0.27
低	＜350			

玉米化肥利用率如表 2-8 所示。

表 2-8　　玉米化肥利用率

产量分级	产量水平(kg)	氮肥	磷肥	钾肥
高	＞600	0.27	0.31	0.48
中	450～600	0.24	0.29	0.2
低	＜450	0.21	0.21	0.15

地力产量贡献率＝无肥区产量×100/全肥区产量，可用来衡量土壤肥力对作物产量的贡献。玉米地力产量贡献率如表 2-9 所示，小麦地力产量贡献率如表 2-10 所示。

表 2-9　　玉米地力产量贡献率

产量分级	产量水平(kg)	贡献率(%)
高	＞600	58.3
中	450～600	57.4
低	＜450	55.3

表 2-10　　小麦地力产量贡献率

产量分级	产量水平(kg)	贡献率(%)
高	＞450	61
中	350～450	56.2
低	＜350	

(六)施肥实践中存在的主要问题

重用轻养,有机肥用量严重偏低,秸秆还田比例较低。据调查,项目区粮田平均有机肥用量不足1000kg,有半数以上的农户基本不使用有机肥。

肥料使用方法不当。突出表现在肥料作基肥使用时,存在施肥深度不够及撒施现象。部分区域农户在追施玉米肥料时,氮肥一次性施肥量较大,存在着“一炮轰”现象,易造成后期脱肥,肥料利用率低。

土壤养分含量不平衡。耕层土壤有效磷增加幅度较大,部分高产田和蔬菜地磷素存在富积现象,部分地块土壤钾含量呈下降趋势。

耕作措施不当导致土壤板结。耕作条件差与耕作措施不当导致作物对土壤水肥利用能力不高。不能根据不同的土壤类型采取不同的耕地措施,在县城东北部、稻屯洼和湖区较黏重土壤上,仍然要倡导实行深耕、深松技术,提高土壤透水、透气性能,防止板结。

第三章　样品采集与分析

样品的采集与分析是做好耕地地力评价的前提和基础，样品采集分析的准确性与精确性是搞好耕地地力评价工作的关键。要在充分考虑地理位置、土壤类型、耕地利用现状、作物品种布局等因素的基础上，按照典型性、代表性、广泛性、科学性的布点原则，进行科学合理布点，采用GPS系统，确定取样点地理坐标，用统一的技术标准、评价标准和取样方法进行调查。根据省站提出的《采样分析与耕地地力评价技术》工作要求，结合东平县实际，制定本县土样采集分析技术规范。

第一节　土壤样品的布点与采集

一、样品布点

（一）布点原则

测土是制定肥料配方的重要依据，布点应充分考虑采样目的、作物种类、土壤类型、肥力高低、地形地貌、工作进度等方面的因素，保证采样点具有典型性和代表性，同时兼顾空间分布的均匀性。考虑不同时期采样点数的分配，以秋季为主、春季为辅。

（二）布点方法

将土地利用现状图与土壤图结合，叠加形成耕地地力评价单元图和应用评价单元图，综合分析本县的作物种植类型和面积。在采样总数的控制下，分配具体采样数量，并确定调查和采样点位置。样点布设具体分为室内和实地两个步骤。首先以县土地利用现状图为底图，按要求的调查点数量布设在图上，然后根据图上的点位在野外确定实际的调查点位置，并对原点位进行修正。

在全县范围内布点采样时，样点布设均匀分布，布点图上采用4位编号，第1位用英文表述，代表1个乡镇，后3位用数字，3位不足的前面补“0”。调查表按19位编号，例如，一般农化样表述为G，东平镇邮政编码是271500，N代表东平镇，采样时间为2009年9月15日，第001号采样点的编号就是271500G20090915N001。

二、土样采集

(一)野外调查

首先确定调查内容，根据《全国耕地地力调查项目技术规程》野外调查的要求，对大田、蔬菜地和污染情况进行调查，设计了采样点基本情况调查表和采样点农业生产情况调查表两种调查表格。调查的主要内容有采样地点、方法、户主姓名、家庭人口、耕地面积、采样地块面积、当前种植作物、土壤类型、采样深度、立地条件、剖面性状、土地排灌状况、污染情况、种植制度、设施类型、投入(肥料、农药、种子、机械、灌溉、农膜、人工、其他)费用情况及产销收入情况。为确保调查内容的准确性、一致性，保证调查过程万无一失，根据表格设计内容，编制了调查表格的填表说明，对调查人员进行专项培训。在实际操作过程中，要求工作人员必须现场取样、现场调查，以确保调查内容真实有效

(二)采样单元

采样前详细了解采样地区的土壤类型、土地利用情况、肥力等级和地形因素，将测土配方施肥区域划分为若干个采样单元，每个采样单元的土壤均匀一致。

(三)采样时间

总体要求：在前作物成熟或收获后、下茬作物尚未施用底肥前采样，这样才能反映地块的真实情况。根据全县的生产情况，一般大田作物在秋种前采样，小麦—玉米一年两作的耕地要在秋季采样。小麦、玉米施肥根据秋季采样分析结果进行统筹安排。

(四)采样周期

同一采样单元，无机氮及植株氮营养快速诊断每季或每年采集一次，土壤速效钾、速效磷等一般2～3年采集一次，中微量元素一般3～5年采集一次。

(五)采样方法

野外采样田块确定：根据采样点位图，到点位所在的村庄，首先向农户了解本村的主要作物种植及产量情况，确定具有代表性的田块，田块面积要求在1($667m^2$)以上。同时，田块的主人是当地的典型农户。

采样密度的设置：全县以粮食种植作物为主，在采样密度上分为平原区和山区，南部平原区按200～250($667m^2$)采1个混合样，北部山区按150～180($667m^2$)采1个混合样，全县平均采样密度为220($667m^2$)1个混合样。采样时现场调查填写采样地块调查表，尽量完善表格内容，空缺信息于室内结合原土壤普查的资料补齐。

修正采样点位：在确定的田块中央用GPS进行定位，同时依据坐标修正室内确定的点位，并标注。

采样工具：不锈钢土钻。

方法采用：采用棋盘法，均匀随机采取15～18个采样点，均匀混合后作为1个混合土样。蔬菜地按照沟、垄面积比例一般为3∶7确定沟、垄取土点位的数量。果园(桑园)在树冠范围内由树干向外的2/3处采集，选择8～10棵树，每棵树对角采2点。

采样深度：粮田为0～20cm，蔬菜地为0～25cm，果园(桑园)为0～40cm。

采土量：采集的每个分样点土壤，用手掰碎，挑出根系、秸秆、石块、虫体等侵入体和结核、砂姜等新生体，充分混合后，采用四分法留取混合土样1kg，用于田间试验和耕地地力

评价的为2kg。

标签填写：每一土样都用铅笔填写两张标签，土袋内外各具一张。标签内容：野外编号(与图上及调查编号一致)、GPS序号、采样地点、采样深度、采样时间、采样作物、产量水平、采样人等。

(六)采样完成情况

东平县测土配方施肥项目，2006年秋季采样2251个，2007年秋季采样1898个，2008年采样3614个，其中在现代农业项目区加密取样400个，2009年采样1080个，累计采集土样8843个。详细填写了地块调查表和农户施肥情况调查表，化验分析项目19个，共计51200项次。

为了开展地力评价工作，从2006年和2007年两年的全部4149个点位中，均匀选取了有代表性的点位2048个用于地力评价项目，参与地力评价的化验项目，特别是中微量元素主要集中在这2048个土样。

第二节　土壤样品的制备

一、样品处理

(一)风干样品

从野外采回的土壤样品要及时放在样品盒内，摊成薄薄的一层，置于干净整洁的样品室里，保持通风，自然风干，严禁暴晒，并注意防止酸、碱等气体及灰尘的污染。风干过程中要经常翻动土样并将大土块捏碎，以加速干燥，同时剔除土壤以外的侵入体。

(二)样品的处理

1. 常量分析试样

将风干的样品平铺在制样板上，用木棍或塑料棍碾压，并将植物残体、石块等侵入体和新生体剔除干净，细小易断的植物须根采用静电吸附的方法清除。压碎的土样要全部通过2mm孔径筛。未过筛的土粒必须重新碾压过筛，直至全部样品通过2mm孔径筛为止，通过2mm孔径筛的土样可供pH、盐分、交换性能及有效养分项目测定。将通过2mm孔径筛的土样用四分法取出一部分继续研磨，使之全部通过0.25mm孔径筛，供有机质、全氮、碳酸钙等项目的测定。

2. 微量元素分析试样

用于微量元素分析的土样，其处理方法同一般化学分析样品，但在采样、风干、研磨、过筛、运输、储存等环节中不接触金属器具，以避免污染。如采样、制样使用木、竹或塑料工具，过筛使用尼龙网筛等，通过2mm尼龙网筛的样品可用于测定土壤有效态微量元素。

(三)样品的保存

风干后的土样按照不同的分析要求研磨过筛，充分混匀后，装入样品袋中备用。袋内外各放标签一张，写明编号、采样地点、土壤名称、采样深度、样品粒径、采样日期、采样人及制样时间、制样人等项目。制备好的样品要妥为储存，避免日晒、高温、潮湿和酸碱等气体的污染。全部分析工作结束，且分析数据核实无误后，试样一般还要保存 3 个月至 1 年，以备查询。少数有价值需要长期保存的样品，须保存于广口瓶中，用蜡封好。

(四)新鲜样品

某些土壤的成分，如二价铁、硝态氮、氨态氮等，在风干过程中会发生显著变化，用新鲜样品进行分析。为了能真实地反映土壤在田间自然状态下的某些理化性状，新鲜样品要及时送回室内进行处理分析，用粗玻璃棒或塑料棒将样品混匀后迅速称样测定。

新鲜样品不易储存，暂时储存时将新鲜样品装入塑料袋中，扎紧袋口，放在冰箱冷藏室或进行速冻保存。

第三节 植株样品的采集与制备

一、采样要求

植物样品分析的可靠性受样品数量、采集方法及分析部位的影响，因此，采样应具有：

代表性：采集样品能符合群体情况，采样量一般为 1kg。

典型性：采样的部位能反映所要了解的情况。

适时性：根据研究目的，在不同生长发育阶段，定期采样。粮食作物一般在成熟后、收获前采集籽实部分及秸秆；发生偶然污染事故时，在田间完整地采集整株植株样品；水果及其他植株样品根据研究目的确定采样要求。

二、采集前准备工作

选择具有采集经验、明确采集方法和要领、对采集区域农业环境情况熟悉的技术人员负责采样；同时要备有采样区域的地形图、土壤分布图、污染源分布图、粮食作物分布图、交通行政图等，准备采样工具、采样袋(布袋、纸袋或塑料袋)、采集记录等；进行野外实地考察，调查各种环境因素，核实合理布点；发现问题立即纠正，制定采样计划。

三、样品采集

(一)粮食作物

由于粮食作物生长具有不均一性，一般采用多点取样，避开田边 2m，按梅花形(适用于采样单元面积小的情况)或“S”形采样法采样。在采样区内，采取 10 个样点的样品组成 1 个混合样。采样量根据检测项目而定，籽实样品一般为 1kg 左右，装入纸袋或布袋；要采集完整植株样品可以多采一些，2kg 左右，用塑料纸包扎好。

(二)水果样品

在平坦的果园中采样时，可采用对角线布点法采样，由采样区的一角向另一角引对角线，在此线上等距离布设采样点，采样点的多少根据采样区域面积、地形和检测目的而定。在山地果园，应按不同海拔高度均匀布点，采样点一般不应少于 10 个。对于树型较大的果树，采样时应在果树的上、中、下、内、外及果实着生方位(东南西北)均匀采摘果实 1kg 左右。将各点采摘的果品进行充分混合，按照四分法缩分，根据检验项目要求，最后分取所需份数，每份 1kg 左右，分装入袋内，粘贴标签，扎紧袋口。水果样品采摘时要注意树龄、长势、载果数量等。

(三)蔬菜样品

蔬菜品种繁多，按食用部位可大致分成叶菜、根菜、茎菜、花菜、果菜 5 类，按需要确定采样对象。

在菜地采样可按照对角线或“S”形法布点，采样点不应少于 10 个，采样量根据样本个体大小确定，一般每个点的采样量不少于 1kg。从多个点采集的蔬菜样，按四分法进行缩分，其中个体大的样本，如大白菜等，可纵向对称切成 4 份或 8 份，按取其 2 份的方法进行缩分，最后分取 3 份，每份约 1kg，分别装入塑料袋，粘贴标签，扎紧袋口。

如需用鲜样进行测定，在采样时，最好连根带土一起挖出，用湿布或塑料袋装，防止萎蔫。采集根部样品时，在抖落泥土或洗净泥土过程中，应尽量保持根系的完整。

(四)标签内容

采样序号、采样地点、样品名称、作物品种、土壤名称(或当地俗名)、成土母质、地形地势、耕作制度、前茬作物及产量、化肥农药使用情况、灌溉水源、采样点地理位置简图。果树要记载树龄、长势、载果数量等，同时还应标明采样人和采样时间。

四、植株样品处理与保存

粮食籽实样品及时晒干脱粒，充分混匀后用四分法缩分至所需量。当需要洗涤时，注意时间不宜过长并及时风干。为了防止样品变质、虫咬，需要定期进行风干处理，使用不污染样品的工具和筛将稻谷去壳制成糙米，把糙米、麦粒、玉米粒等籽实粉碎，过 0.5mm 筛，制成待测样品。测定重金属元素含量时，不要使用金属器械，如钢制粉碎机、金属筛等，推荐使用竹质、木质、石质、瓷质、塑料制品。

完整的植株样品先洗干净，根据不同污染物和粮食作物生物学特性差异，采用能反映特征的植株部位，用不污染待测元素的工具剪碎样品，充分混匀，用四分法缩分至所需量，制成鲜样或于 60℃烘箱中烘干后粉碎备用。在田间采集的新鲜水果、蔬菜、烟叶和茶叶样品，若不能马上分析测定，应暂时放入冰箱中保存。

第四节　样品分析与质量控制

一、样品分析

样品分析由本局土肥化验室承担。先后投资 50 多万元购置了原子吸收分光光度计、定氮仪、紫外可见分光光度计、火焰光度计、示波极谱仪、天平、GPS 定位仪等仪器设备 50 台(套)，更新了化验设备，固定资产总投资近 100 万元。日化验能力提高到 300 项次以上，能够满足目前土样化验需求。在办公室比较紧张的情况下，专门为该项目调整了档案室 1 间、药品室 1 间、晾土室 2 间，制作了一次晾 1000 多个土样的晾土架，并购置微机、打印机等，改善了化验及办公条件。整合全局技术力量，成立了由 19 名技术人组成的技术指导组，聘请山东农业大学资源与环境学院马玉增副教授担任特邀顾问，为保证各项措施落实到位，分别组建了技术组、材料组、档案组、资金管理组，明确分工，各司其职。

二、分析项目与方法

土壤及植株样品分析测定严格按照农业部《测土配方施肥技术规范》和山东省《测土配方施肥项目工作规范》进行。通过技术人员分析讨论后，最后确定了在实际化验过程中各个项目的化验分析方法（见表 3-1）。

表 3-1 土样测定项目及测定方法表

分析项目	依 据	测定方法
pH	土壤分析技术规范	玻璃电极法
有机质	土壤分析技术规范	重铬酸钾—硫酸溶液—油浴法
全磷	土壤分析技术规范	氢氧化钠熔融—钼锑抗比色法
有效磷	土壤分析技术规范	碳酸氢钠浸提—钼锑抗比色法
速效钾	土壤分析技术规范	乙酸铵浸提—火焰光度法
全氮	土壤分析技术规范	半微量开氏法
碱解氮	土壤分析技术规范	碱解扩散法
全钾	土壤分析技术规范	碱熔—火焰光度法
缓效钾	土壤分析技术规范	硝酸浸提—火焰光度法
有效性铜	土壤分析技术规范	DTPA 浸提—原子吸收法
有效性锌	土壤分析技术规范	DTPA 浸提—原子吸收法
有效性铁	土壤分析技术规范	DTPA 浸提—原子吸收法
有效性锰	土壤分析技术规范	DTPA 浸提—原子吸收法
有效硼	土壤分析技术规范	甲亚铵—H 比色法
交换性钙	土壤分析技术规范	EDTA 络合滴定法
交换性镁	土壤分析技术规范	EDTA 络合滴定法
有效硫	土壤分析技术规范	磷酸盐—乙酸提取硫酸钡比浊法
容重	土壤分析技术规范	环刀法

三、质量控制

样品分析质量受试样、方法、试剂、仪器、环境及分析人员素质等多方面因素制约，影响结果的准确度和精密度。为保证实验结果的可靠性及实验室之间的可比性，必须采取严格的质量控制措施。为确保本次地力调查检测结果准确可靠，编制了详细的质量计划，制定了化验标准及工作规范、样品处理与交接制度，所有制度全部上墙，化验项目固定到专人，对参加化验的人员进行了集中培训，分配化验任务，每 2 人为 1 组承担 1 个检验项目并对结果负责，编制了统一的原始记录表格，制定质量控制措施。

（一）校准曲线

为消除温度或其他因素影响，每批样品（磷、钾的测定）均需作标准曲线，与样品同条件操作。标准系列设置6个以上的浓度点，根据浓度和吸光值绘制标准曲线。标准曲线的相关系数的绝对值大于0.999，则该标准曲线可判断为合格。

（二）空白试验值

每次在测定样品的同时，需平行测定至少2个空白试验，平行测定的试验值相对偏差不得大于50%。

（三）平行双样的测定

每批测定样品控制在30～60个，随机抽取10%～20%的样品进行平行双样测定。当平行双样测定的偏差不符合要求时，除对不合格者重新做平行双样测定外，应再增加10%～20%的平行双样，如此累计，直至允许误差符合要求。

（四）测试过程加标准回归线

取2份相同的样品，1份加入已知量的标准物，在同一条件下测定其含量，计算加入已知量的回收率，可作为准确度的指标，回收率一般为98%～102%。

（五）常规检测质量控制

当常规检测样品测定值发现异常时，应随机抽取一定数量样品进行重复测定，进一步确定测定结果的可靠性。样品测定完成后，必须检查数据记录是否准确、计算有无差错、结果是否符合等，原始记录上应有检验人、校核人、审核人三级签字。数据整理时要按统计分析的方法，剔除可疑值，有效数字的处理要根据每次测试的计算结果进行保留，要注意平行测定及内插参比样是否超差，应做到及时整理数据，及时发现问题，及时更正。

（六）定期考核

制定考核标准，实行责任制，用标准样品或已知数据的样品定期对检验人员进行实际操作考核，并监督检查质量控制实施过程。

第四章　土壤理化性状分析

按照农业部制定的《测土配方施肥技术规范》,以常规测试方法为主,对土壤样品的理化指标进行了测定。根据不同区域、土壤类型、种植制度、作物种类、施肥情况等因素,结合第二次土壤普查结果,对各项测试数据进行汇总、分析和评价,明确了东平县土壤养分状况及其变化情况。

第一节　土壤pH和有机质

一、土壤pH

土壤的酸碱度是土壤形成过程中综合因子作用的结果,土壤pH是土壤的基本性质之一,也是影响土壤肥力的重要因素之一。它直接影响土壤中各营养元素的存在形态、转化、有效性以及可利用性。

全县耕地耕层土壤pH共分析2048个样品,pH变化范围为5.5～8.5,全县土壤以中性和微碱性为主。偏碱性土壤(pH＞8.50)面积为11891.8hm²,主要分布在东平湖西部的戴庙乡、斑店镇,偏酸性土壤面积较小,为1500hm²,分布在接山、大羊的零星地块上。分级及面积如表4-1所示。

表4-1　耕层土壤pH分级及面积

级　别	1	2	3	4
分级标准	＞8.5	7.5～8.5	6.5～7.5	5.5～6.5
耕地面积(hm²)	11891.86	79265.62	41280.27	1500.13
占总耕地比例(%)	8.88	59.18	30.82	1.12

二、有机质

有机质是土壤的重要组成部分,土壤的许多属性都直接或间接地与有机质有关。有机质具有养分全面、肥效持久的功效,能提供作物生长发育所需要的氮、磷、钾和各种中微量元素等养分,它还可以改善和调节土壤的物理性状,因此,土壤有机质含量是土壤肥力的重要标志之一。

全县耕地土壤有机质共分析化验7763个,含量变化范围为1.0～40.2g/kg,平均值为 13.2g/kg,比第二次土壤普查时的 10.00g/kg 提高了 3.2g/kg(见表 4-2)。从化验数据看,增幅不大,而且各乡镇之间的有机质含量存在较大差异,平均含量较高的乡镇有接山、商老庄、老湖州城、沙河站、梯门,平均含量较低的乡镇有戴庙、彭集、斑店等。从表4-3可以看出,有 4 个乡镇在 4 级以下,7 个乡镇属于 3 级,有 3 个乡镇较高,但总体水平属于一般。同时,各点位之间差异极大。所以,采取多种措施培肥地力、提高有机质含量仍是今后的农业生产重点。

表 4-2　耕层土壤有机质含量分级及面积

级　别	1	2	3	4	5	6	7
范围(g/kg)	>20	15～20	12～15	10～12	8～10	6～8	<6
耕地面积(hm^2)	4768.26	40248.93	45057.37	28060.40	11599.19	3241.34	964.37
占总耕地比例(%)	3.56	30.05	33.64	20.95	5.66	2.42	0.72

表 4-3　全县各乡镇耕层土壤有机质平均含量

	接山乡	大羊乡	梯门乡	东平镇	老湖镇	新湖乡	彭集镇	州城镇	沙河站镇	银山镇	斑鸠店镇	戴庙乡	商老庄乡	旧县乡
平均值(g/kg)	15.55	12.20	13.91	14.83	16.00	13.51	10.80	14.50	13.12	12.10	10.30	9.21	17.32	11.44

三、增加土壤有机质含量的途径

土壤有机质的含量取决于年合成量和年矿化量的相对大小,当合成量大于矿化量时,有机质含量会逐步增加,反之,将会逐步降低。土壤有机质矿化量主要受土壤温度、湿度、通气状况、有机质含量等因素影响。一般来说,土壤温度低、通气性差、湿度大时,土壤有机质矿化量较低;相反,土壤温度高、通气性好、湿度适中时,则有利于土壤有机质的矿化。农业生产中应注意创造条件,减少土壤有机质矿化量。保护地栽培条件下,土壤长期处于高温多湿条件,有机质易矿化,含量提高缓慢,这是有机质含量偏低的一个主要原因,适时通风降温,减少盖膜时间,将有利于土壤有机质的积累。

增加土壤有机质含量的主要途径有四个方面。

(一)搞好有机肥利用

充分利用有机粪肥、堆肥、沤肥、饼肥、人畜粪肥、河湖泥等,不仅能够减少成本、培肥地力,还能实现节约环保、增产增效的目的。

(二)实施秸秆还田

研究表明,秸秆直接还田比施用等量的沤肥效果更好,提倡以小麦高留茬、玉米秸粉碎还田为主要措施的秸秆还田技术。小麦收割时,留 20～30cm 高麦秸,经一个雨季的风吹日晒雨淋，到小麦再播种时，已变成半分解状态，成为较好的有机肥料。秸秆还田简单易行，省力省工。注意还田时，适当增加氮肥用量，提高碳氮比，促进秸秆分解，避免微生物与作物争氮。

（三）实行轮作、间作，用地养地相结合

随着农业生产的发展，复种指数越来越高，致使许多土壤有机质含量降低，肥力下降。实行粮油菜轮作、间作制度，不仅可以保持和提高有机质含量，而且还可以改善土壤有机质的品质，活化已经老化了的腐殖质，为土壤提供丰富的有机质和氮素，改善农业生态环境及土壤的理化性状。

（四）增施商品有机肥

改变农民目前只是在日光温室、塑料大棚及少部分露地菜上应用的习惯，扩大使用范围。随着广大群众对食品安全的进一步关注，当地政府可根据实际情况，结合国家的有关政策，积极引导和鼓励农民使用有机肥，不断提高地力，提升农产品品质。

第二节　土壤大量元素状况

一、土壤全氮及碱解氮

氮是植物生长所必需的营养元素之一。植物吸收的氮素主要来源于土壤。土壤氮素含量高低决定作物长势好坏和产量高低，它包括有机氮和无机氮两种形态，其含量高低常用碱解氮和全氮来衡量。土壤全氮是土壤中氮素的总量，反映氮素供应状况的潜力。

（一）耕层土壤全氮含量分级

土壤中的全氮含量主要取决于土壤有机质含量，通常分为有机态和无机态两种。有机态主要是蛋白质、氨基酸、酰胺以及腐殖质氮等。

东平县耕层土壤全氮共分析化验3868个，平均含量为0.87g/kg，变幅为0.03～2.17g/kg，比第二次土壤普查时的0.71g/kg提高了0.16g/kg。全县普遍偏低，4级占60.7%。5级、6级占19%，主要分布在彭集大清河南、梯门北部、银山、斑店等处（见表4-4）。

表 4-4　耕层土壤全氮含量分级及面积

级　别	1	2	3	4	5	6
分级标准(g/kg)	>1.5	1.2～1.5	1～1.2	0.75～1	0.5～0.75	0.3～0.5
耕地面积(hm^2)	160.73	4436.99	22287.59	81328.29	24577.97	1098.31
占总耕地比例(%)	0.12	3.35	16.64	60.72	18.35	0.82

（二）耕层土壤碱解氮含量分级

土壤碱解氮为无机态氮的全部和有机态氮中由微生物分解而成的铵态氮与硝态氮两种。

土壤耕层碱解氮共分析化验3868个，平均为65.75mg/kg，变幅为6～391mg/kg，比第二次土壤普查时的54mg/kg提高了11.75mg/kg，全县碱解氮含量平均低于60mg/kg（4级以下）的乡镇5个，平均值大于75mg/kg的乡镇只有1个，普遍偏低，大部分处于低氮水平，地块碱解氮平均含量差异很大。不缺乏的占20%左右，分布在东平镇南部、稻屯洼、沙河站南部，老湖镇沿湖区域、接山、大羊等均有零星分布。中等偏低水平占47%，全县均有分布。缺乏的占33%，分布在彭集镇大清河以南区域、东平湖西部乡镇、北部旧县乡等（见表4-5和表4-6）。

表4-5　耕层土壤碱解氮含量分级及面积

级　别	1	2	3	4	5	6
分级标准(mg/kg)	90～120	75～90	60～75	45～60	30～45	<30
耕地面积(hm^2)	3053.83	23452.87	62991.92	30190.05	13983.32	267.88
占总耕地比例(%)	2.28	17.51	47.03	22.54	10.44	0.2

表4-6　全县各乡镇耕层土壤碱解氮平均含量

	接山乡	大羊乡	梯门乡	东平镇	老湖镇	新湖乡	彭集镇	州城镇	沙河站镇	银山镇	斑鸠店镇	戴庙乡	商老庄乡	旧县乡
平均值(mg/kg)	70.39	70.88	63.51	71.59	70.66	68.55	56.10	69.53	79.76	46.39	49.22	51.78	62.73	53.50

（二）作物缺氮症状及调控

氮不足时植株生长矮小，分枝分蘖少，叶色变淡，呈浅绿或黄绿，色泽不一，尤其是基部叶片。因氮易从较老组织运输到幼嫩组织中再利用，所以首先从下部叶片开始黄化，逐渐扩展到上部叶片，黄叶脱落提早。株型也发生改变，瘦小、直立，茎秆细瘦，根量少、细长而色白，侧芽呈休眠状态或枯萎，花和果实少，成熟提早，产量、品质下降。若出现缺氮症状要及时进行调控，使土壤有机氮转化为有效氮，进行氮素转化。在土壤氮素的转化过程中，需通过科学合理施肥、耕作、灌溉等人为措施进行调控，发挥土壤氮素的潜在作物营养功能，以满足作物高产、优质、高效的需要。具体措施如下：

(1)适当种植豆科作物，增加土壤氮素的积累。

(2)增施有机肥和实行秸秆还田，调节土壤C/N比，加速土壤有机氮的转化。

(3)氮肥与磷、钾肥配合施用。

(4)施用方法合理：一是氮肥应深施覆土，以减少氮肥的挥发损失及反硝化作用；二是确定合理的施肥时期，30%～50%用作追肥。

二、土壤有效磷及全磷

磷是作物必需的三大营养元素之一，土壤磷素的高低与作物产量密切相关，常用来衡量土壤磷素含量的指标是土壤有效磷含量，也是作物能够直接吸收利用的土壤磷素，它主要来源于土壤自身的矿化和外源磷肥的施入。

（一）耕层土壤有效磷含量分级及面积

土壤耕层有效磷共分析化验7763个，平均为26.84mg/kg，变幅为3～92.6mg/kg，比1985年第二次土壤普查时增加了21.84mg/kg，在所有土壤养分中增幅最大，一部分地块出现了富积现象，其中县城南部彭集、州城、沙河站镇平均含量最高，北部与湖西各乡镇处于中等水平，一部分山区(大羊、旧县等)含量偏低，处于缺乏状态。3级以上水平占62%，4级占19.7%，5级、6级占17%(见表4-7和表4-8)。

表4-7 耕层土壤有效磷含量分级及面积

级别	1	2	3	4	5	6
范围(mg/kg)	50～80	30～50	20～30	15～20	10～15	5～10
耕地面积(hm^2)	7514.03	33779.64	42954.52	26386.15	19059.64	4245.89
占总耕地比例(%)	5.61	25.22	32.07	19.70	14.23	3.17

表4-8 全县各乡镇耕层土壤有效磷平均含量

	接山乡	大羊乡	梯门乡	东平镇	老湖镇	新湖乡	彭集镇	州城镇	沙河站镇	银山镇	斑鸠店镇	戴庙乡	商老庄乡	旧县乡
平均值(mg/kg)	31	19	22	24	19	28	46	44	52	20	19	22	26	16

(二)全磷

耕层土壤全磷在全县共化验分析102个土样，平均为14.1g/kg。全磷90%以无机态存在，且大部分是难溶性磷，作物不吸收利用。土壤中磷素供应水平取决于有效磷含量，这次虽然做了测定，但考虑到实际需要，未做分析。

(三)作物缺磷症状及调控

作物缺磷时植株生长缓慢、矮小、苍老、茎细直立，分枝或分蘖较少，叶小，呈暗绿或灰绿色且无光泽，茎叶常因积累花青苷而带紫红色，根系发育差，易老化。由于磷易从较老组织运输到幼嫩组织中再利用，故症状从较老叶片开始向上扩展。缺磷植物的果实和种子少而小，成熟延迟，产量和品质降低，不同作物缺磷症状有所不同。作物出现缺磷症状要及时进行调控。根据土壤条件合理分配和施用，优先施用在最缺磷的地块，其次施用在中度缺磷地块，对速效磷含量丰富的地块，可以暂时不施或少施磷肥。为了减少磷在土壤中的固定，提高土壤磷的有效性，可采用以下方法进行调控：

(1)调节土壤酸碱度。在碱性大的土壤，应增施有机肥或绿肥，可降低土壤pH。

(2)增施有机肥料，提高土壤有机质含量。

(3)磷肥宜作基肥施用，作基肥时，开沟或开穴，将磷肥集中放入根系密集层，或将磷肥与有机物一起堆沤，或与有机肥混合施用。

三、土壤速效钾、缓效钾和全钾

钾能够显著提高光合作用的强度，促进作物体内淀粉和糖的积累，增强作物的抗逆性和抗病能力，增强作物对氮的吸收能力。此外，钾对改善作物品质起着重要的作用，是公认的“品质元素”。充足的土壤钾素是作物产量和质量的保证。

（一）耕层土壤速效钾含量分级及面积

土壤耕层速效钾共分析化验7763个样品，平均为136.9mg/kg，变幅为60～388mg/kg。1985年土壤普查时，速效钾平均含量为165mg/kg，属于丰富水平。现在比1985年土壤普查时减少了28.1mg/kg，出现下降，初步分析与这几十年来的种植习惯有关，重视氮肥和磷肥，轻视钾肥。土杂肥、有机肥投入少，很少实行秸秆还田，对速效钾不能形成有效的补充。全县5级和6级占12%，其中彭集镇平均含量为84mg/kg，全县最低水平，其次是沙河站镇、州城镇，这部分乡镇土壤类型属于潮土，土壤质地主要是砂土、砂壤土，保水、保肥性较差，需要采取耕作改良措施，提高有机质含量，增施有机肥，提高保水、保肥性，才能对速效钾形成有效的补充（见表4-9和表4-10）。

表4-9　耕层土壤速效钾含量分级及面积

级　别	1	2	3	4	5	6
平均值(mg/kg)	200～300	150～200	120～150	100～120	75～100	50～75
耕地面积(hm^2)	6683.60	29051.56	54459.95	27457.67	14706.60	1580.49
占总耕地比例(%)	4.99	21.69	40.66	20.50	10.98	1.18

表4-10　全县各乡镇耕层土壤速效钾平均含量

	接山乡	大羊乡	梯门乡	东平镇	老湖镇	新湖乡	彭集镇	州城镇	沙河站镇	银山镇	斑鸠店镇	戴庙乡	商老庄乡	旧县乡
平均值(mg/kg)	137	147	138	135	139	129	84	118	105	133	157	161	210	130

（二）土壤缓效钾

土壤缓效钾主要形态是矿物态钾，不溶于水，作物不能直接吸收利用，但在长期耕作过程中能缓慢转化为速效钾，是衡量速效钾含量的一个重要指标。共化验分析2048个样品，平均含量为757mg/kg，变幅为431～2378mg/kg。全县整体水平处于3级以上，属于丰富水平（见表4 11）。

表4-11　全县各乡镇耕层土壤缓效钾平均含量

	接山乡	大羊乡	梯门乡	东平镇	老湖镇	新湖乡	彭集镇	州城镇	沙河站镇	银山镇	斑鸠店镇	戴庙乡	商老庄乡	旧县乡
平均值(mg/kg)	832	804	774	809	790	979	742	986	798	704	790	867	930	794

(三)耕层土壤全钾分类

耕层土壤全钾分矿物态钾、代换性钾和水溶性钾三种,包括土壤速效钾与缓效钾的,由于与作物生长密切相关的是速效钾,这次地力评价化验分析102个样品,平均含量为5.94g/kg,未作详细分析。

(四)作物缺钾症状及调控

作物缺钾通常是老叶和叶缘发黄,进而变褐,焦枯似灼烧状。叶片上出现褐色斑点或斑块,但叶中部、叶脉和近叶脉处仍为绿色。随着缺钾程度的加剧,整个叶片变为红棕色或干枯状,坏死脱落。其次是根系发育不良,根细弱,常呈褐色。在氮素充足时,缺钾的双子叶植物的叶子常卷曲而显皱纹,禾本科作物则茎秆柔软易倒伏,分蘖少,抽穗不整齐。作物缺钾要及时进行调控,以保证作物生长期间从土壤中得到充足的速效钾。在土壤管理及施肥措施上,应尽量注意钾被固定和淋失,并千方百计地促进缓效钾的释放。应注意:

(1)对化学钾肥的施用,宜分次、适量,避免一次施用过量,以减少钾被固定和淋失。

(2)施用方法宜条施或穴施,使钾肥适当集中,减少与土壤的接触面,以提高土壤胶体上交换性钾的饱和度,增加钾的有效性。

(3)实行秸秆还田,增施有机肥料,提高土壤有机质含量水平。

第三节 土壤中量元素状况

中量元素是作物生长过程中需要量次于氮、磷、钾而高于微量元素的营养元素,占作物体干物重的0.1%～0.5%,通常指钙、镁、硫3种元素。

一、土壤交换性钙

钙是构成细胞壁的重要元素,植物体中绝大部分钙存于细胞壁中。作物缺钙时,细胞壁不能形成,细胞不能正常分裂,生长点就会坏死。所以,缺钙症状首先表现在顶端叶片上。缺钙常会出一些温度、水分条件变化剧烈造成,而非单纯的养分供应问题,应注意栽培过程中环境条件的控制,同时配合钙肥的使用。作物主要吸收钙离子,豆类作物和蔬菜及某些果树需钙较多,禾谷类作物需钙较少。钙在植物体中移动性小,主要集中在较老的组织中,很少向幼嫩器官运送,因此,作物缺钙症状首先在根尖、叶尖、顶芽或心叶发生。缺钙的症状是植株矮小,未老先衰,幼叶卷曲而脆弱,叶中有坏死组织,根尖和生长细胞逐渐腐烂死亡;许多作物的果实顶部腐烂,如西瓜、番茄、马铃薯的顶部变褐腐烂。作物缺钙可通过施过磷酸钙或其他钙肥料来改善钙素营养,但效果最快最好的是喷0.3%～0.5%的硝酸钙溶液。

土壤中的钙有四种存在形态,即有机态钙、矿物态钙、水溶态钙和土壤交换性钙。四种土壤钙形态中,水溶态钙和土壤交换性钙是作物可即时利用的有效态钙,矿物态钙和有机态钙一般作为作物钙营养的供应潜力看待,其含量的多少与土壤有效钙无关。土壤供钙水平主要取决于交换性钙的供应容量大小。水溶态钙在土壤溶液中虽然浓度不低,但只有交换性钙的2%,水溶态钙与交换性钙两者在土壤中是动态平衡的关系,溶液中钙量下降，交换性钙可以被代换出来进入土壤溶液；反过来也一样，溶液中钙量增加，又被吸附为交换性钙。因此，通常情况下以交换性钙的含量作为衡量土壤钙肥力水平。

全县土壤交换性钙共化验分析样品102个，变幅为202.2～1106.05mg/kg，平均值为375mg/kg。据《土壤肥料学》介绍，大部分作物土壤交换性钙一般低于200mg/kg会出现缺钙症状。按照省站新划分等级标准(9级)，全县有效钙养分水平均处于6级(低于1500mg/kg)以下，虽然各乡镇水平不一，但总体处于偏低水平。这次分析样本数较少，为了进行好精准分析，需要在以后增加分析量来补充和校正土壤交换性钙的养分含量。

二、土壤交换性镁

镁是叶绿素的组成成分，是许多酶的活化剂，能增强作物体内的各种代谢过程。作物缺镁时，叶绿素减少，光合作用减弱，碳水化合物、蛋白质、脂肪的形成都会受到抑制。缺镁症状首先表现在中下部的老叶上。钾肥的过量使用会影响植物对镁的吸收，同时施用大量的石灰和铵态氮肥也会影响镁的吸收。

土壤含镁量受母质、气候、风化程度、淋溶和耕作措施等的影响变化很大。土壤中的镁分为有机态镁、矿物态镁、水溶性镁和交换性镁4种形态，其中镁主要以无机态存在，有机态很少。土壤中交换性镁和水溶性镁合称为土壤有效态镁，由于水溶性镁一般含量很少，因此通常以交换性镁作为有效性镁的供应指标。

全县土壤交换性镁共化验分析样品102个，全县土壤有效镁含量平均为112mg/kg，变幅为82.9～200.08mg/kg，据《土壤肥料学》介绍，大部分作物土壤交换性镁低于50mg/kg时，一些需镁较多的作物会有缺镁的可能。按照省站新划分等级标准(7级)，全县有效镁养分水平均处于6级(低于200mg/kg)以下，虽然各乡镇水平不一，但总体处于偏低状态。这次分析样本数较少，为了做好精准分析，需要在以后增加分析量来补充和校正交换性镁的养分含量。

三、土壤有效硫

硫是蛋白质和核酸的组成物质，是许多辅酶的结构成分。作物需硫量大致与磷素相当，因此，硫被认为是植物的第四大元素。硫的生理功能表现：一是含硫氨基酸的组分；二是参与硫胺素、生物素辅酶A等的组成和代谢活动；三是一些酶的组分。

作物缺硫的症状类似缺氮，主要特征表现为失绿和黄化，但失绿的部位与缺氮不同，缺硫首先出现在顶部的新叶上，而缺氮是新叶、老叶同时褪绿。双子叶植物缺硫一般表现为植株矮小，叶细小，叶片向上卷曲，变硬，易碎，提早脱落，茎生长受阻滞、僵直，开花迟，结果、结荚少。而禾谷类作物缺硫表现为生长直立，植株失绿黄化，叶脉脉纹不清晰，但一般很少出现棕色斑点。一些常用化肥，如过磷酸钙、硫酸铵以及铜、铁、锰、锌的硫酸盐(微量元素肥料)中，都含有丰富的硫，它们随着施肥活动而进入到土壤中，加上其他各种化肥中所含的硫，空气中自然沉降的含硫降雨、降尘，灌溉水中的硫等，缓解了农田硫素的不平衡状况。

硫肥施用方法应视作物生长与需要而定。基肥于播种前耕耙时施入，通过耕耙使之与土壤充分混合并达到一定深度，以促进其分解转化。根外喷施硫肥可作为辅助性措施，矫正缺硫症还应施基肥。

土壤含硫量与母质种类有关,土壤总硫量受气候、地形条件和施肥的影响而有明显的变化,在湿润多雨和受淋洗作用较强的地区含硫较低,而在干旱、半干旱地区,由于风化产生的硫酸盐极少流失,因而土壤含硫量较高。在一般耕地中,有机质丰富的土壤含硫量往往较高。土壤中存在4种形态的硫:有机态硫、矿物态硫、水溶性硫和吸附态硫。4种形态的硫是可以互相转化的,从而构成土壤中硫的循环。硫有7种变价形态,但作物可以利用的是游离硫酸根(SO_4^{2-})。土壤中游离硫酸根(SO_4^{2-})是通过有机态硫的矿化、硫酸盐矿物的溶解和矿化物的氧化作用而来的。严格地说,土壤有效硫应该包括存在于土壤溶液中的硫酸盐和硫化物、吸附态硫酸根和易分解的有机态硫。

全县耕层土壤有效硫共分析化验样品200个,平均含量为15.21mg/kg,变幅为6.08~90.5mg/kg,据《土壤肥料学》介绍,对多数作物来说,土壤有效硫的临界值为6~12mg/kg,我国通常采用10~16mg/kg为临界值。全县部分土壤呈偏低状态。这次分析样本数较少,为了做好精准分析,需要在以后继续增加分析量来补充和校正有效硫养分含量。

土壤耕层中量元素总体处于偏低状态,而且随着产量水平的不断提高和氮、磷、钾化肥的大量施用,土壤中的中量元素已不能满足作物需求,果树、蔬菜等因缺中量元素,各种生理病害频频发生,严重影响产量和品质的提高。

第四节　土壤微量元素状况

土壤中的微量元素是指在土壤中含量很低,但作物正常生长发育所不可缺少和不可替代的营养元素,有铜、锌、铁、锰、钼、硼等多种元素。土壤微量元素过低或过高都会引起植物的不良反应。土壤中的微量元素有效态含量是评价土壤微量元素的丰缺指标,它受土壤酸碱度、氧化还原电位、有机质含量等条件的制约。

一、土壤有效锌

土壤全锌量与成土母质有关,由基性岩发育的土壤全锌量比酸性岩高,由石灰岩发育的土壤含锌量比片麻岩和石英岩高。作物利用土壤中的锌不是土壤含锌量的全部,而是利用处于作物能够吸收状态的锌,称为有效锌。土壤有效锌包括水溶态、代换态、螯合态和稀酸态等。在这些形态中,水溶态锌含量很少,通常以代换态、螯合态和稀酸态作为作物可以吸收的锌。

锌有调节植物体内氧化还原过程的作用,锌能促进生长素(吲哚乙酸)的合成,所以缺锌时芽和茎中的生长素明显减少,植物生长受阻,叶片变小;锌还能促进光合作用,因为扩散到叶绿体中的碳酸需要以锌作活化剂的碳酸酐酶促进其分解出CO_2来参与光合作用,同时缺锌时叶绿素含量下降,造成白叶或花叶。此外,有人认为锌也影响蛋白质合成,因为信息核糖核酸结构的稳定性需要锌,信息核糖核酸的生理作用之一是合成多肽。

果树对锌比其他作物敏感。果树缺锌常引起小叶病或叶簇病,即在枝条顶端叶片丛生成簇状,特别是落叶果树;花生也常出现小叶病和叶簇病;小麦缺锌时麦苗返青迟,拔节困难，植株矮小，叶片主脉两侧失绿，形成黄绿相间的条带，条带边缘清晰，无颗粒状斑点及霉污；玉米易产生叶片失绿，果穗缺粒秃顶。

锌参与生长素、核酸、蛋白质的合成，是有些酶的组成部分，与光合作用中的二氧化碳的供应有关。在主要粮食作物中，玉米对锌肥最敏感。

全县耕层土壤有效锌分析样品 2048 个，平均含量为 2.01mg/kg，变幅为 0.20～9.85mg/kg。全县土壤锌含量处于中等以上水平，缺乏地块占 7.8%，零星分布在东平镇、老湖、旧县、沙河站、戴庙等乡镇。注意宣传补施锌肥，具体如表 4-12 和表 4-13 所示。

表 4-12 耕层土壤有效锌含量分级及面积

级　别	1	2	3	4
分级标准(mg/kg)	>3.0	1.0～3.0	0.5～1.0	0.3～0.5
耕地面积(hm^2)	20479.41	103026.55	10099.07	334.85
占总耕地比例(%)	15.29	76.92	7.54	0.25

表 4-13 全县各乡镇耕层土壤有效锌平均含量

	接山乡	大羊乡	梯门乡	东平镇	老湖镇	新湖乡	彭集镇	州城镇	沙河站镇	银山镇	斑鸠店镇	戴庙乡	商老庄乡	旧县乡
平均值(mg/kg)	2.08	1.65	1.53	1.67	1.89	2.07	2.87	2.46	3.05	1.69	2.82	1.10	1.78	2.60

二、土壤有效铜

铜素在作物体中的生理作用大多与酶的活性有关。铜在作物体内与蛋白质结合构成多种含铜的蛋白酶，缺少铜直接影响蛋白酶所催化的生化反应，影响作物的正常代谢。铜的生理作用：一是叶绿体中类脂的成分，对叶绿素的合成和稳定起促进作用，作物缺铜，叶绿素含量减少；二是作物呼吸作用和氧化磷酸过程中的重要酶；三是亚硝酸酶和次亚硝酸酶的活化剂，参与作物体内硝酸还原过程；四是铜在木质素合成过程中起着重要作用。

作物缺铜表现为新叶缺绿，出现花白斑，果穗发育不正常。禾本科作物和果树缺铜危害最大，有明显的症状，容易辨认。小麦、水稻等缺铜时，植株叶片变软，萎蔫，分蘖期幼叶变黄，叶尖卷曲变白，分蘖很多但是不抽穗或者穗很少，有时不能形成饱满籽实。玉米缺铜时，叶失绿，变成灰色，叶片卷曲反转，新叶叶尖死亡。番茄缺铜时，幼枝生长停滞，叶片弯曲，叶子呈暗蓝绿色，不能形成花芽，所以开花不足，根系发育不良。果树缺铜主要症状是顶枯，病株顶部枝条弯曲，枝条上形成斑块和瘤状物，芽的数目增多，树皮出现裂痕。

作物缺铜可施用铜肥进行调理，铜肥的施用方法有三种：基施、种子处理、叶面喷施。目前应用最广的铜肥是硫酸铜：基肥，每亩施用硫酸铜 0.2～1kg；拌种，每千克种子拌硫酸铜 1g，将硫酸铜用少量水溶解，然后用喷雾器均匀喷在种子上；喷施，用 0.02%～0.2% 浓度的硫酸铜水溶液喷雾。

全县耕层土壤有效铜分析样品 2048 个,平均含量为 1.39mg/kg,变幅为 0.11～7.84mg/kg。全县处于中上水平,属于较丰富,1 级占 18%,2 级占 68%,3 级占 13.3%。耕层土壤有效铜含量如表 4-14 和表 4-15 所示。

表 4-14　耕层土壤有效铜含量分级及面积

级别	1	2	3
范围(mg/kg)	>1.5	1.0～1.5	0.2～1.0
耕地面积(hm²)	24511.00	91574.69	17854.18
占总耕地比例(%)	18.30	68.37	13.33

表 4-15　全县各乡镇耕层土壤有效铜平均含量

	接山乡	大羊乡	梯门乡	东平镇	老湖镇	新湖乡	彭集镇	州城镇	沙河站镇	银山镇	斑鸠店镇	戴庙乡	商老庄乡	旧县乡
平均值(mg/kg)	1.34	1.22	6.70	1.23	1.34	1.80	1.26	1.57	1.38	1.54	1.42	2.06	1.95	1.09

三、土壤有效铁

铁是叶绿素合成和保持所必需的元素,并参与光合作用,是许多酶的必要成分。铁在植物体内不易移动。铁比较集中分布在叶绿体中,铁虽然不是叶绿素的成分,但它对叶绿素的形成起酶促作用,因此,缺铁时造成植物"缺绿"或"黄化"。由于铁在植物中很难转移再利用,所以,缺绿症首先出现在嫩叶上。铁是铁氧还蛋白的重要组成部分,铁氧还蛋白与叶绿体结合,在光合作用中起传递电子的作用,因此,缺铁时光合作用受到影响;铁氧还蛋白还是豆科作物根瘤中豆血红素的成分(有固氮作用),铁又是铁钼固氮酶的成分,因而缺铁时豆科作物氮素供应受到影响,植株生长受到一定限制。此外,铁是磷酸蔗糖酶最好的活化剂,缺铁时蔗糖的形成受影响;铁也是许多氧化酶的成分,对植物呼吸有促进作用,缺铁影响呼吸,使高能物质 ATP 的形成减少。

作物缺铁的共同症状是幼叶叶脉间失绿,严重时完全失绿成白色,称为"黄化病"。

作物缺铁时可喷施 0.75%～1.0%的硫酸亚铁溶液,但由于亚铁容易氧化成高铁,很快就不能被作物吸收,而且在植物体中移动性小,并很少横向运输,所以喷施铁肥时,要喷在嫩叶上,并喷 2 次以上。据试验表明,喷柠檬酸铁或柠檬酸铁铵效果比硫酸亚铁好。

全县耕层土壤有效铁分析样品 2048 个,平均含量为 13.16mg/kg,变幅为 1.10～38.4mg/kg。全县土壤有效铁含量较丰富,1 级占 11.5%,2 级占 69.5%,3 级占 18.9%(见表 4-16 和表 4-17)。

表 4-16 耕层土壤有效铁含量分级及面积

级别	1	2	3
分级标准(mg/kg)	>20	10～20	4.5～10
耕地面积(hm^2)	15429.87	93128.39	25381.61
占总耕地比例(%)	11.52	69.53	18.95

表 4-17 全县各乡镇耕层土壤有效铁平均含量

	接山乡	人羊乡	梯门乡	东平镇	老湖镇	新湖乡	彭集镇	州城镇	沙河站镇	银山镇	斑鸠店镇	戴庙乡	商老庄乡	旧县乡
平均值(mg/kg)	15.21	11.50	8.19	10.84	11.37	17.08	18.04	19.07	18.79	10.47	12.94	12.13	14.91	9.49

四、土壤有效锰

锰是形成叶绿素和维持叶绿素结构所必需的元素，也是许多酶的活化剂，在光合作用中有很多重要功能，并参与呼吸过程。锰主要有四方面的作用：促进光合作用，近年来初步证明，锰参与叶绿体的结构组成；是许多酶的活化剂，如柠檬酸脱氢酶、苹果酸脱氢酶、核糖核酸聚合酶、精氨酸等都需要锰作活化剂，所以锰与碳素代谢、氮素代谢都有关系；有调节氧化还原电位的作用；有促进种子发芽和幼苗生长、加速花粉萌发和花粉管伸长的作用。

作物缺锰时，叶片的主脉和侧脉附近为深绿色，呈带状，叶脉间为浅绿色，这种失绿症一般出现在新的枝条上。严重缺锰时，叶脉间的失绿区域变成灰绿到灰白色，叶片薄，枝条有顶枯现象。禾本科作物缺锰则出现与叶脉平行的失绿条纹(浅绿色)，以后逐渐变成灰绿色、灰白色或褐红色。

通过对 2048 个土样进行化验，耕层土壤有效锰含量平均为 16.47mg/kg，变幅为 1.12～32.64mg/kg。全县土壤有效锰含量属中上水平，2 级占 63%，3 级占 37%。含量较少的区域集中在新湖乡、梯门北部、东平湖西部等乡镇(见表 4-18 和表 4-19)。

表 4-18 耕层土壤有效锰含量分级及面积

级别	1	2	3
分级标准(mg/kg)	>30	15～30	5～15
耕地面积(hm^2)	0	84569.63	49370.24
占总耕地比例(%)	0	63.14	36.86

表 4-19　全县各乡镇耕层土壤有效锰平均含量

	接山乡	大羊乡	梯门乡	东平镇	老湖镇	新湖乡	彭集镇	州城镇	沙河站镇	银山镇	斑鸠店镇	戴庙乡	商老庄乡	旧县乡
平均值(mg/kg)	21.99	18.13	15.58	16.62	20.11	14.13	16.25	16.40	15.40	10.19	10.07	11.78	15.91	13.97

五、土壤有效硼

硼是对作物产量影响较大的微量元素，主要作用：能促进植物生殖器官的生长发育，研究表明，硼能加强花粉的萌发和花粉管的伸长，有利于受精作用，如花粉中含硼低（低于 3mL/kL），则有可能不能受粉；能促进碳水化合物的合成和运输，缺硼会造成碳水化合物合成少，而且运输不畅，滞留在叶中，造成生长点及繁殖器官得不到足够的营养，从而导致生长点不生长和落花落果；对蛋白质的合成有影响；对叶绿素的形成有影响。此外，硼对加强根瘤菌的固氮能力有良好的影响，如大豆喷硼肥不仅能提高产量，而且含油率也提高了，根瘤都增加了。

作物缺硼的最显著的病症是生长点死亡，不能形成或形成不正常的生殖器官，其次是根系腐烂，形成心腐病，落花落果。

作物缺硼时可喷施 0.05%～0.1%的硼酸溶液或 0.1%～0.2%硼砂溶液。平常可进行土壤施硼肥，但要注意用量不能多，因为土壤中缺硼到中毒的浓度范围很窄。

耕层土壤有效硼分析样品 2048 个，平均含量为 0.46mg/kg，变幅为 0.1～2.34mg/kg。全县土壤有效硼含量 65%的属于缺乏，2 级占 0.58%，3 级占 35%，4 级占 62%，5 级占 2.2%。含量较低的区域分布在彭集、大清河以北、东平湖西北部（见表 4-20 和表 4-21）。

表 4-20　耕层土壤有效硼含量分级及面积

级别	1	2	3	4	5
分级标准(mg/kg)	>2.0	1.0～2.0	0.5～1.0	0.2～0.5	<0.2
耕地面积(hm^2)	0	776.85	46905.74	832 83.81	2973.47
占总耕地比例(%)	0	0.58	35.02	62.18	2.22

表 4-21　全县各乡镇耕层土壤有效硼平均含量

	接山乡	大羊乡	梯门乡	东平镇	老湖镇	新湖乡	彭集镇	州城镇	沙河站镇	银山镇	斑鸠店镇	戴庙乡	商老庄乡	旧县乡
平均值(mg/kg)	0.37	0.35	0.41	0.46	0.31	0.76	0.33	0.61	0.48	0.49	0.48	0.61	0.62	0.47

六、土壤有效钼

土壤中钼的测定有双重意义，一是判断土壤供给钼的能力，是否需要施用钼肥；二是判断土壤中钼是否过多，对食草动物有无不良影响。特别是环境污染问题突出后，钼的测定成为非常必要的指标之一。

豆类作物需要钼最多，其次是十字花科作物，非豆科作物需钼最少。作物吸收进体内的硝酸根必需还原成氨才能合成蛋白质，而钼是硝酸还原酶的成分。同时，豆科作物根瘤在固定空气中的氮素时，是一种含钼的固氮酶的作用，根据试验表明，供应适量钼能提高固氮量。钼与锰、铜、锌等都有拮抗作用，因而能减少土壤中这些元素过多而引起植株的失绿病。钼还有增进光合作用强度的作用。

作物缺钼的症状通常表现在叶片上，一般是叶缘枯焦扭曲或扭转，叶狭小，有时出现鞭状叶，叶脉间缺绿。作物缺钼时可喷施 0.05%的钼酸铵溶液。

通过对 406 个土样进行分析，全县耕层土壤有效钼含量平均为 0.20mg/kg，变幅为 0.01～0.80mg/kg。含量较少的区域主要分布在旧县、斑店、大清河向北至董庄，大清河南彭集一带(见表 4-22)。

表 4-22 耕层土壤有效钼含量分级及面积

级　别	1	2	3	4	5
分级标准(mg/kg)	>0.3	0.2～0.3	0.15～0.2	0.1～0.15	<0.1
耕地面积(hm^2)	3120.30	62375.80	48794.29	18108.67	1540.31
占总耕地比例(%)	2.33	46.57	36.43	13.52	1.15

第五节 土壤主要物理性状

土壤物理性状是作物生长的重要环境因素之一，也是重要的肥力因素，它调节着土壤中水、肥、气、热等状况，能反映农业生产的综合性能，主要包括土壤质地、土体厚度、土壤容重等。下面从土壤表层质地、土体构型和土壤容重几方面，对全县土壤作一分析。

一、土壤表层质地

耕层土壤是指地表以下、常年耕作范围内的土层，一般为 0～20cm。耕作地质是土壤理化性状的集中体现。据调查，全县耕层质地可分为松砂、砾石、砂壤、轻壤、中壤、重壤、黏土 7 种类型。

松砂土分布在戴庙乡郭那里等村周围，面积有 1071.5hm^2，占总面积的 0.8%。

砾石土主要分布在北部山区的砾质岩山体的中下部，面积为 4286hm^2，占总面积的 3.2%。

砂壤土分布在大清河周围，在彭集镇南城子、前郑海、沙河站廖村、张村、戴庙乡北、斑店西均有分布，面积为 22368hm^2，占总面积的 16.7%。

轻壤土集中分布在大清河南，彭集镇、沙河站镇、东平湖周围均有分布，面积为

25314.6hm²,占总面积的18.9%。

中壤土集中分布在大清河北接山乡、大羊乡、梯门乡和大清河南部州城镇,面积有55986.8hm²,占总面积的41.8%。

重壤土分布在新湖乡、东平镇稻屯洼和沿汇河向北的汇河洼一带(接山乡张河桥、大羊乡魏楼等地),面积为17947.9hm²,占总面积的13.4%。

黏土主要分布在商老庄乡、戴庙乡,面积为6965.8hm²,占总面积的5.2%。

不同耕层地质的土壤养分状况有一定的差异,对于土壤有机质和全氮含量:重壤>中壤>轻壤>砂壤;对于速效养分及养分供应、转化性能则是:轻壤>中壤或重壤>砂壤。

二、土体构型

土壤不同的质地层次构造叫土体构型。根据普查,全县分15种土体构型,面积大小不一,生产性能各异。根据其对水肥运行、生产性能等差异,优质构型分为均质轻壤、均质中壤、轻壤表厚黏腰、中壤表厚黏腰4种。劣质构型分为砾石土薄层硬石底、砂壤均质、轻壤表中层硬石底、轻壤表厚砂心、中壤表厚黏心、中壤表厚砂浆腰、黏均质,以上7种劣质土体构型均不利于作物的生长发育。有的漏肥、漏水,有的通气性不良,有的土体薄,影响根系下扎,有的有障碍层,影响土壤水分运行。

东平县耕地土体条件中需改良的耕地为33277.56hm²,占耕地总面积的48.41%,主要分布在东平县的西部和东北部,其中单一不良土体构型需改良的耕地为25537.31hm²,占耕地总面积的37.15%;单一耕层质地需改良的耕地为2770.27hm²,占耕地总面积的4.03%;土体构型和耕层质地均需改良的耕地为4969.98hm²,占耕地总面积的7.23%。采取秸秆还田、增施有机肥料、深耕等措施,改善土壤表层质地及不良的土体结构,是东平县耕地土体整治改良的主要方向。

三、土壤容重、孔隙度

土壤容重指自然状态下单位体积的烘干土重,通常以g/cm^3表示。土壤容重的大小与土壤结构、质地、有机质含量等有关,疏松、黏质、有机质含量高的土壤容重小,紧实、砂质、有机质含量低的土壤容重大。土壤是一个疏松多孔体,土壤颗粒胶结、垒结,在土间形成大小不等的土壤孔隙。单位容积土体内,孔隙所占的百分数乘土壤总孔隙度直接关系到土壤的水汽状况,是土壤的主要物理特性之一。2008年,全县检测土壤容重100个,平均为$1.26g/cm^3$,变幅在$1.08\sim1.47g/cm^2$。容重与质地关系密切,耕层轻壤土平均容重为$1.12g/cm^3$,中壤土为$1.36g/cm^3$,重壤土为$1.42g/cm^3$。同一地块土壤容重也受其他外部因素,如降水、灌溉、施肥、秸秆还田量等的影响而经常变化。表土层(耕层)土壤容重较小,而心土层和底土层的容重较大。同一地块土壤容重也受其他外部因素,如降水、灌溉、施肥、秸秆还田量等的影响,而经常变化。

东平县耕层土壤的通透性总体较好,全县总孔隙度为52%,最大为58%,最小为46%。全县通气孔隙度为12%,最大为18%,最小为8%。以沙河站、州城等乡镇最好,稻屯洼、沿湖涝洼地、汇河洼较差,土壤应增施有机肥料,精耕细作,改善土壤结构,提高总孔隙度,降低容重,使物理性状有所改善。

第二篇 耕地地力评价与数据库建设

第五章 耕地地力评价

耕地是土地的精华，是农业生产中不可替代的重要生产资料，是保持社会和国民经济可持续发展的重要资源，保护耕地是我国的基本国策之一，因此，及时掌握耕地资源的数量、质量及其变化对于合理规划和利用耕地、切实保护耕地有十分重要的意义。在全面的野外调查和室内化验分析、获取大量耕地地力相关信息的基础上，进行了东平县耕地地力的综合评价，评价结果对于摸清全县耕地地力的现状及问题，为耕地资源的高效和可持续利用提供了重要的科学依据。

第一节 评价的原则依据及流程

一、评价原则依据

(一)评价的原则

耕地地力就是耕地的生产能力，是在一定区域内、一定的土壤类型上耕地的土壤理化性状、所处自然环境条件、农田基础设施及耕作施肥管理水平等因素的总和。根据评价的目的要求，在东平县耕地地力评价中，遵循的基本原则有四条。

1. 综合因素研究与主导因素分析相结合原则

土地是一个自然经济综合体，是人们利用的对象，对土地质量的鉴定涉及自然和社会经济多个方面，耕地地力也是各类要素的综合体现。所谓综合因素研究是指对地形地貌、土壤理化性状、相关社会经济因素之总体进行全面的研究、分析与评价，以全面了解耕地地力状况。主导因素是指对耕地地力起决定作用的、相对稳定的因子，在评价中要着重对其进行研究分析。因此，把综合因素与主导因素结合起来进行评价则可以对耕地地力做出科学准确的评定。

2.共性评价与专题研究相结合原则

东平县耕地利用存在菜地、农田等多种类型,土壤理化性状、环境条件、管理水平等不一,因此,耕地地力水平有较大的差异。考虑县域内耕地地力的系统、可比性,针对不同的耕地利用等状况,应选用统一的、共同的评价指标和标准,即耕地地力的评价不针对某一特定的利用类型。另外,为了了解不同利用类型的耕地地力状况及其内部的差异情况,则对有代表性的主要类型,如蔬菜地等,进行专题的深入研究。这样,共性的评价与专题研究相结合,使整体的评价和研究具有更大的应用价值。

3.定量和定性相结合的原则

土地系统是一个复杂的灰色系统,定量和定性要素共存,相互作用,相互影响。因此,为了保证评价结果的客观合理,宜采用定量和定性评价相结合的方法。在总体上,为了保证评价结果的客观合理,尽量采用定量评价方法,对可定量化的评价因子如有机质等养分含量、土层厚度等按其数值参与计算,对非数量化的定性因子如土壤表层质地、土体构型等则进行量化处理,确定其相应的指数,并建立评价数据库,以计算机进行运算和处理,尽量避免人为随意性因素影响。在评价因素筛选、权重确定、评价标准、等级确定等评价过程中,尽量采用定量化的数学模型,在此基础上则充分运用人工智能和专家知识,对评价的中间过程和评价结果进行必要的定性调整,定量与定性相结合,从而保证了评价结果的准确合理。

4.采用卫星遥感和GIS支持的自动化评价方法原则

自动化、定量化的土地评价技术方法是当前土地评价的重要方向之一。近年来,随着计算机技术,特别是GIS技术在土地评价中的不断应用和发展,基于GIS技术进行自动定量化评价的方法已不断成熟,使土地评价的精度和效率大大提高。本次的耕地地力评价工作将采用最新SPOT5卫星遥感数据提取和更新耕地资源现状信息,通过数据库建立、评价模型及其与GIS空间叠加等分析模型的结合,实现了全数字化、自动化的评价流程,在一定的程度上代表了当前土地评价的最新技术方法。

(二)评价的依据

耕地地力是耕地本身的生产能力,因此,耕地地力的评价依据与此相关的各类自然和社会经济要素,具体包括三个方面。

1.耕地地力的自然环境要素

耕地地力的自然环境要素包括耕地所处的地形地貌条件、水文地质条件、成土母质条件以及土地利用状况等。

2.耕地地力的土壤理化要素

耕地地力的土壤理化要素包括土壤剖面与土体构型、耕层厚度、质地、容重等物理性状,有机质、N、P、K等主要养分、微量元素、pH、交换量等化学性状。

3.耕地地力的农田基础设施条件

耕地地力的农田基础设施条件包括耕地的灌排条件、水土保持工程建设、培肥管理条件等。

二、评价流程

整个评价可分为三个方面的主要内容，按先后的次序分别为：

资料工具准备及数据库建立：即根据评价的目的、任务、范围、方法，收集准备与评价有关的各类自然及社会经济资料，进行资料的分析处理。选择适宜的计算机硬件和 GIS 等分析软件，建立耕地地力评价基础数据库。

耕地地力评价：划分评价单元，提取影响地力的关键因素并确定权重，选择相应的评价方法，制定评价标准，确定耕地地力等级。

评价结果分析：依据评价结果，量算各等级耕地面积，编制耕地地力分布图。分析耕地地力问题，提出耕地资源可持续利用的措施建议。

评价的工作流程如图 5-1 所示。

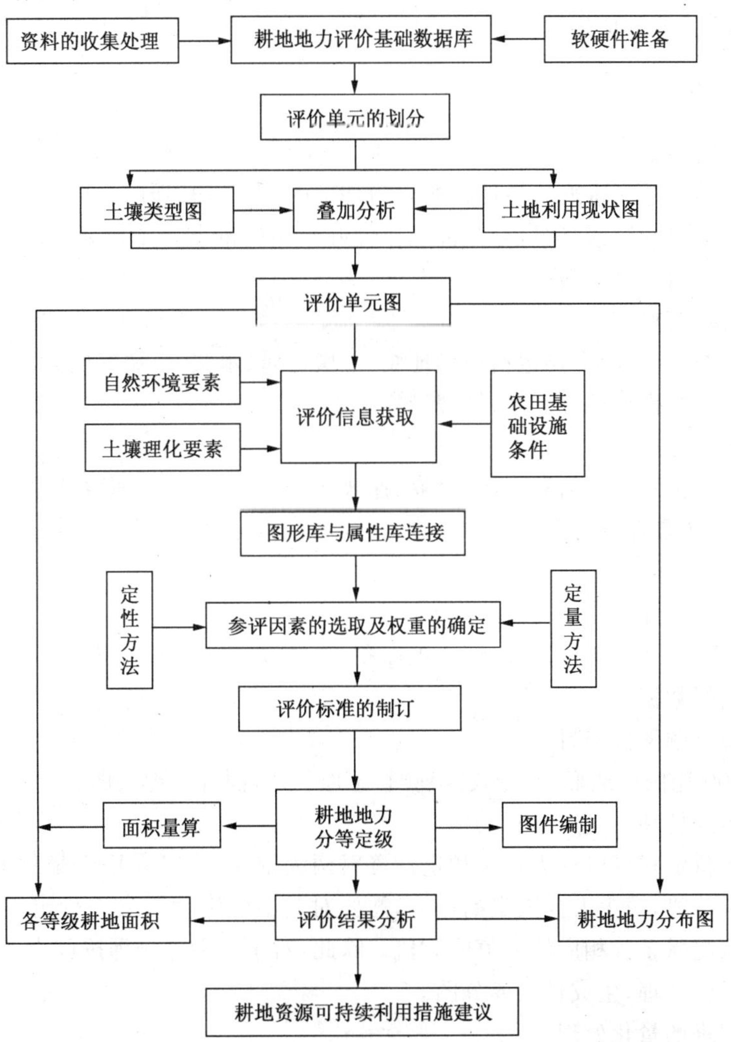

图 5-1　东平县耕地地力评价流程图

第二节 软硬件准备、资料收集处理及基础数据库的建立

一、软硬件准备

(一)硬件准备

硬件准备主要包括高档微机、A0 幅面数字化仪、A0 幅面扫描仪、喷墨绘图仪等。微机主要用于数据和图件的处理分析,数字化仪、扫描仪用于图件的输入,喷墨绘图仪用于成果图的输出。

(二)软件准备

一是 Windows 操作系统软件,二是 FOXPRO 数据库管理、SPSS 数据统计分析/ACCESS 数据管理系统等应用软件,三是 MAPGIS、ARCVIEW、ARCMAP 等 GIS 软件。

二、资料收集处理

(一)资料的收集

耕地地力评价是以耕地的各性状要素为基础的,因此,必须广泛地收集与评价有关的各类自然和社会经济因素资料,为评价工作做好数据的准备。本次耕地地力评价收集获取的资料主要包括四个方面。

1.野外调查资料

按野外调查点获取,主要包括地形地貌、土壤母质、水文、土层厚度、表层质地、耕地利用现状、灌排条件、作物长势产量、管理措施水平等。

2.室内化验分析资料

室内化验分析资料包括有机质、全氮、速效氮、全磷、速效磷、速效钾等大量养分含量,交换性钙、镁等中量养分含量,有效锌、硼、钼等微量养分含量,以及 pH、土壤污染元素含量等。

3.社会经济统计资料

以行政区划为基本单位的人口、土地面积、作物及蔬菜瓜果面积,以及各类投入产出等社会经济指标数据。

4.基础及专题图件资料

1∶375000 比例尺地形图、行政区划图、土地利用现状图、地貌图、土壤图等。

(二)资料的处理

获取的评价资料可以分为定量和定性资料两大部分,为了采用定量化的评价方法和自动化的评价手段,减少人为因素的影响,需要对其中的定性因素进行定量化处理,根据因素的级别状况赋予其相应的分值或数值。除此,对于各类养分等按调查点获取的数据,则需要进行插值处理,生成各类养分图。

1.定性因素的量化处理

土壤表层质地:考虑不同质地类型的土壤肥力特征,以及与植物生长发育的关系,赋予不同质地类别以相应的分值(见表 5-1)。

表 5-1　　土壤表层质地的量化处理

质地类别	中壤	轻壤	重壤	砂壤	砂土
分值	100	95	80	70	55

土体构型：首先以土层质地类别和其在土体中的部位对各类土体构型进行归纳，根据不同的土体构型对植物生长发育的影响，赋予不同土体构型以相应的分值(见表 5-2)。

表 5-2　　土体构型的量化处理

土体构型	中壤均质	中壤黏腰	轻壤黏腰	轻壤均质	中壤黏心	中壤砂姜腰	中壤砂腰	重壤均质	轻壤砂心	砂壤砂心	中层	薄层
分值	100	95	95	90	85	85	80	60	60	50	30	10

地貌类型：根据不同的地貌类型对耕地地力及作物生长的影响，赋予其相应的分值(见表 5-3)。

表 5-3　　地貌类型的量化处理

地貌类型	缓平坡地	山前倾斜平地	山前缓平地	缓岗	浅平洼地	槽状洼地	河谷高地	河漫滩	河谷梯田	近山阶地	坡麓梯田	荒坡岭
分值	100	97	95	93	90	87	84	80	60	40	20	10

障碍状况：考虑影响东平县耕地地力的主要障碍状况，将其障碍状况归纳为不同的类型，并根据其对耕地地力的影响程度进行量化处理(见表 5-4)。

表 5-4　　障碍状况的量化处理

障碍状况	无障碍	浅黏	夹砂或砂姜	砾质	石渣土
分值	100	90	80	60	40

2. 各类养分专题图层的生成

对于土壤有机质、氮、磷、钾、锌、硼、钼等养分数据，首先按照野外实际调查点进行整理，建立了以各养分为字段、以调查点为记录的数据库。之后，进行了土壤采样样点图与分析数据库的连接，在此基础上对各养分数据进行自动的插值处理。

对比了分别在 MAPGIS 和 ARCVIEW 环境中的插值结果，发现 ARCVIEW 环境中的插值结果线条更为自然圆滑，符合实际。因此，本研究中所有养分采样点数据均在 ARCVIEW 环境下操作，利用其空间分析模块功能对各养分数据进行自动的插值处理，经编辑处理，自动生成各土壤养分专题栅格图层。后续的耕地地力评价也以栅格形式进行，与矢量形式相比，能够将各评价要素信息精确到栅格(像元)水平，保证了评价结果的准确。图 5-2 和图 5-3 为在 ARCVIEW 环境下插值生成的东平县土壤有机质、全氮含量分布栅格图。

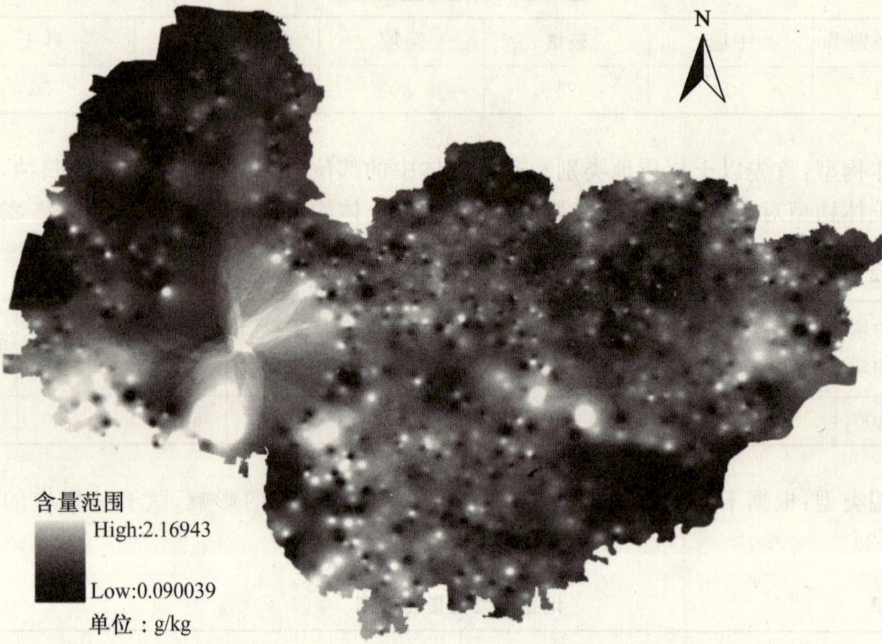

图 5-2　东平县土壤有机质含量栅格图

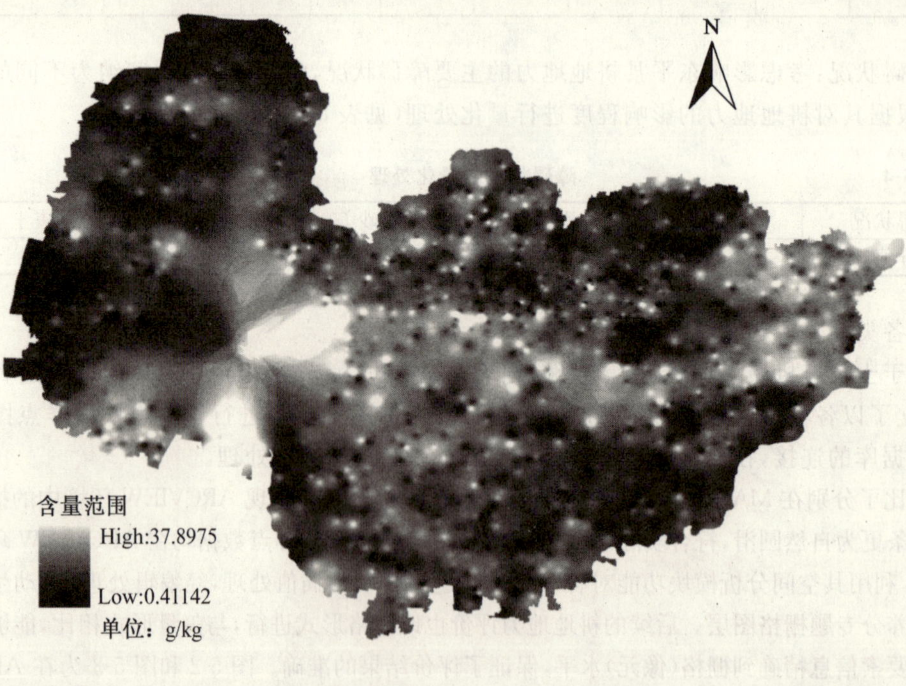

图 5-3　东平县土壤全氮含量栅格图

3. 东平县数字高程模型和坡度图的生成

利用东平县 1：375000 地形图，扫描输入后进行矢量化，获得等高线及高程信息，自动插值生成东平县数字高程模型(DEM)，在此基础上生成东平县地形坡度，经编辑处理后形成坡度图和三维地势图(见图 5-4)。

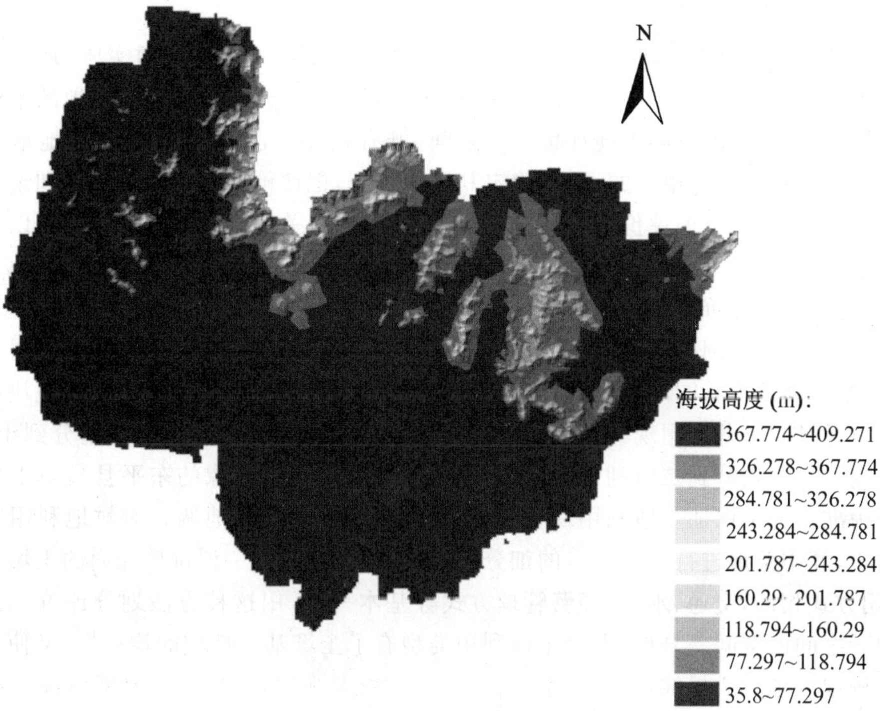

图 5-4　东平县三维地势图

三、基础数据库的建立

(一)基础属性数据库建立

为更好地对数据进行管理和为后续工作提供方便，将采样点基本情况信息、农业生产情况信息、土壤理化性状化验分析数据、土壤污染元素化验分析数据等信息以调查点为基本数据库记录进行属性数据库的建立，作为后续耕地地力评价工作的基础。

(二)基础专题图图形库建立

将扫描矢量化及插值等处理生成的各类专题图件，在 ARCVIEW 和 MAPGIS 软件的支持下，分别以栅格形式和点、线、区文件的形式进行存储和管理，同时将所有图件统一转换到相同的地理坐标系统下，以进行图件的叠加等空间操作，各专题图图斑属性信息通过键盘交互式输入或通过与属性库挂接读取，构成基本专题图图形数据库。图形库与基础属性库之间通过调查点相互连接。

第三节　评价单元的划分及评价信息的提取

一、评价单元的划分

评价单元是由对土地质量具有关键影响的各土地要素组成的空间实体，是土地评价的最基本单位、对象和基础图斑。同一评价单元内的土地自然基本条件、土地的个体属性和经济属性基本一致，不同土地评价单元之间，既有差异性，又有可比性。耕地地力评价就是要通过对每个评价单元的评价，确定其地力级别，把评价结果落实到实地和编绘的土地资源图上。因此，土地评价单元划分的合理与否，直接关系到土地评价的结果以及工作量的大小。

目前，对土地评价单元的划分尚无统一的方法，有以土壤类型、以土地利用类型、以行政区划单位、以方里网等多种方法。本次东平县耕地地力评价土地评价单元的划分采用土壤图、土地利用现状图的叠置划分法，相同土壤单元及土地利用现状类型的地块组成一个评价单元，即“土地利用现状类型—土壤类型”的格式。其中，土壤类型划分到土种，土地利用现状类型划分到二级利用类型，制图区界以基于遥感影像的东平县最新土地利用现状图为准。为了保证土地利用现状的现实性，基于野外的实地调查对耕地利用现状进行了修正，其中菜地进行了进一步的细分，分到三级类型。同一评价单元内的土壤类型相同，利用方式相同，交通、水利、经营管理方式等基本一致，用这种方法划分评价单元可以反映单元之间的空间差异性，即使土地利用类型有了土壤基本性质的均一性，又使土壤类型有了确定的地域边界线，使评价结果更具综合性、客观性，可以较容易地将评价结果落实到实地。

通过图件的叠置和检索，将东平县耕地地力划分为8560个评价单元。

二、评价信息的提取

影响耕地地力的因子非常多，并且它们在计算机中的存储方式也不相同，因此，如何准确地获取各评价单元的评价信息是评价中的重要一环。鉴于此，舍弃直接从键盘输入参评因子值的传统方式，采取将评价单元与各专题图件叠加采集各参评因素信息的方法。具体的做法是：按唯一标志原则为评价单元编号；在ARCVIEW环境下生成评价信息空间库和属性数据库；在ARCMAP环境下从图形库中调出各化学性状评价因子的专题图，与评价单元图进行叠加，计算出各因子的均值；保持评价单元几何形状不变，在耕地资源管理信息系统中直接对叠加后形成的图形的属性库进行“属性提取”操作，以评价单元为基本统计单位，按面积加权平均汇总评价单元立地条件评价因子的分值。

由此，得到图形与属性相连的、以评价单元为基本单位的评价信息，为后续耕地地力的评价奠定了基础。

第四节　参评因素的选取及其权重确定

正确地进行参评因素的选取并确定其权重，是科学地评价耕地地力的前提，直接关系到评价结果的正确性、科学性和社会可接受性。

一、参评因素的选取

参评因素是指参与评定耕地地力等级的耕地的诸属性。影响耕地地力的因素很多，在本次东平县耕地地力评价中，根据东平县的区域特点，遵循主导因素原则、差异性原则、稳定性原则、敏感性原则，采用定量和定性方法结合，进行了参评因素的选取。

（一）系统聚类方法

系统聚类方法用于筛选影响耕地地力的理化性质等定量指标，通过聚类将类似的指标进行归并，辅助选取相对独立的主导因子。利用 SPSS 统计软件进行了土壤养分等化学性状的系统聚类。

从图 5-5 中可以看出，氯离子、全盐、硝态氮、全氮、交换性钙、有效硅、交换性镁、有效硼、有效钼、有效铁、有效锰、有效锌、有效铜、有效硫聚为一组，有效磷、速效钾、碱解氮、缓效钾聚为一组，有机质为一组，pH 为一组。

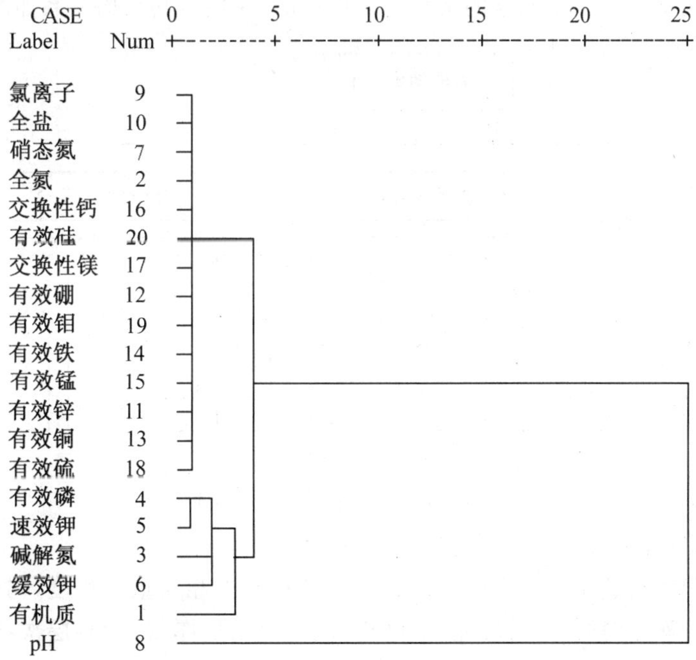

图 5-5　土壤养分等化学性状的聚类分析

（二）DELPHI 法

用 DELPHI 法进行影响耕地地力的立地条件、物理性状等定性指标的筛选，确定了由土壤农业化学学者、专家及东平县土肥站业务人员组成的专家组，首先对指标进行分类，在此基础上进行指标的选取，并讨论确定最终的选择方案。

综合以上两种方法，在定量因素中根据各因素对耕地地力影响的稳定性以及营养元素的全面性，在聚类分析第一组中选取有效锌、有效硼为参评因素，第二组中选取有效磷、速效钾为参评因素，第三组选取有机质为参评因素。结合专家组选择结果，最后确定灌溉保证率、坡度、地形地貌、耕层质地、剖面构型、障碍层状况、土层厚度、有机质、大量元素（速效钾、有效磷）、微量元素（有效锌、有效硼）等 12 项因素作为耕地地力评价的参评指标。

二、权重的确定

在耕地地力评价中，需要根据各参评因素对耕地地力的贡献确定权重，确定权重的方法很多，本评价中采用层次分析法（AHP）来确定各参评因素的权重。

层次分析法（AHP）是在定性方法基础上发展起来的定量确定参评因素权重的一种系统分析方法，这种方法可将人们的经验思维数量化，用以检验决策者判断的一致性，有利于实现定量化评价。

AHP 法确定参评因素的步骤如下：

（一）建立层次结构

耕地地力为目标层（G 层），影响耕地地力的立地条件、物理性状、化学性状为准则层（C 层），再把影响准则层中各元素的项目作为指标层（A 层），其结构关系如图 5-6 所示。

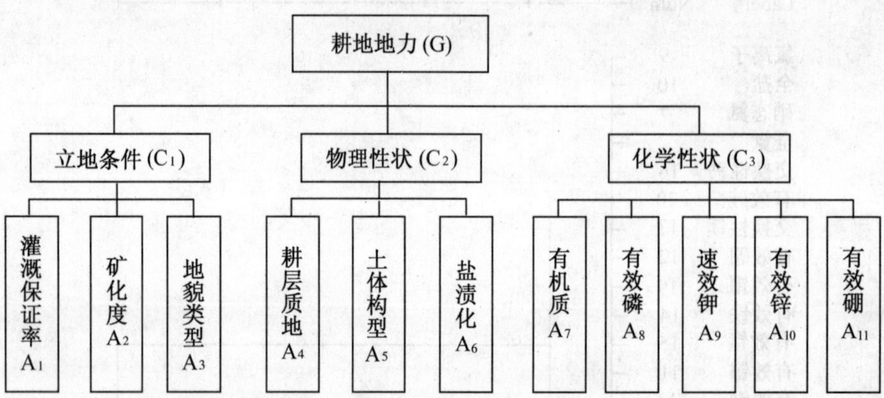

图 5-6　耕地地力影响因素层次结构

（二）构造判断矩阵

根据专家经验，确定 C 层对 G 层以及 A 层对 C 层的相对重要程度，构成 A、C_1、C_2、C_3 共 4 个判断矩阵。例如，耕层质地、土体构型、有效土层厚度、障碍层次状况对耕地物理性状的判断矩阵表示为：

$$C_2=\begin{bmatrix} a_{11} & a_{12} & a_{13} & a_{14} \\ a_{21} & a_{22} & a_{23} & a_{24} \\ a_{31} & a_{32} & a_{33} & a_{34} \\ a_{41} & a_{42} & a_{43} & a_{44} \end{bmatrix}=\begin{bmatrix} 1 & 1.25 & 0.7143 & 1.6667 \\ 0.8 & 1 & 0.5714 & 1.3333 \\ 1.4 & 1.75 & 1 & 2.3333 \\ 0.6 & 0.75 & 0.4286 & 1 \end{bmatrix}$$

其中，a_{ij}（i 为矩阵的行号，j 为矩阵的列号）表示对 C_2 而言，a_i 对 a_j 的相对重要性的数值。

（三）层次单排序及一致性检验

即求取 A 层对 C 层的权数值，可归结为计算判断矩阵的最大特征根对应的特征向量。利用 SPSS 等统计软件，得到的各权数值及一致性检验的结果如表 5-5 所示。

表 5-5　　权数值及一致性检验结果

矩阵	特征向量					C_I	C_R
矩阵 A		0.4186	0.3488	0.2326		−0.00000537	0.00000926<0.1
矩阵 C_1		0.1980	0.3564	0.4455		−0.00000369	0.00000575<0.1
矩阵 C_2	0.2159	0.2699	0.1542	0.3599		0.00000621	0.0000069<0.1
矩阵 C_3	0.0787	0.0945	0.1181	0.2362	0.4724	0.00000549	0.00000491<0.1

从表 5-5 中可以看出，$C_R<0.1$，具有很好的一致性。

（四）层次总排序及一致性检验

经层次总排序，并进行一致性检验，结果为 $C_I=0.00000369$，$C_R=0.00000402$，具有满意的一致性，最后计算 A 层对 G 层的组合权数值，得到各因子的权重，最终结果如表5-6 所示。

表 5-6　　各因子的权重

灌溉保证率	0.2248	质地	0.0790	障碍层	0.0474	速效钾	0.0556
坡度	0.1252	土体构型	0.0632	有机质	0.0834	有效锌	0.0278
地形地貌	0.0996	土层厚度	0.1106	有效磷	0.0694	有效硼	0.0139

第五节　耕地地力等级的确定

土地是一个灰色系统，系统内部各要素与耕地的生产能力之间关系十分复杂。此外，评价中也存在着许多不严格、模糊性的概念，因此，在评价中引入了模糊数学方法，采用模糊数学方法来进行耕地地力等级的确定。

一、参评因素隶属函数的建立

用 DELPHI 法根据一组分布均匀的实测值评估出对应的一组隶属度，然后在计算机中绘制这两组数值的散点图，再根据散点图进行曲线模拟，寻求参评因素实际值与隶属度的关系方程，从而建立起隶属函数。各参评因素的分级及其相应的专家赋值和隶属度如表 5-7 所示。

表 5-7　　参评因素的分级及其分值

坡度	0	0.2	0.5	1	3	5	7	10	15	25		
分值	98	100	98	95	90	80	60	30	10	1		
隶属度	0.98	1.00	0.98	0.95	0.90	0.80	0.60	0.30	0.10	0.01		
地形地貌	缓平坡地	山前倾斜平地	山前缓平地	缓岗	浅平洼地	槽状洼地	河谷高地	河漫滩	河谷梯田	近山阶地	坡麓梯田	荒坡岭
分值	100	97	95	93	90	87	84	80	60	40	20	10
隶属度	1.00	0.97	0.95	0.93	0.90	0.87	0.84	0.80	0.60	0.40	0.20	0.10
灌溉保证率	80	70	60	50	30	10	0					
分值	100	90	80	65	40	10	0					
隶属度	1.00	0.90	0.80	0.65	0.40	0.10	0					
有机质	2.0	1.8	1.6	1.4	1.2	1.0	0.8	0.6				
分值	100	98	95	90	84	78	65	50				
隶属度	1.00	0.98	0.95	90.90	0.84	0.78	0.65	0.50				
有效磷	400	300	200	110	80	60	40	30	20	15	10	5
分值	70	80	90	100	98	96	92	90	85	80	60	40
隶属度	0.70	0.80	0.90	1.00	0.98	0.96	0.92	0.90	0.85	0.80	0.60	0.40
速效钾	400	320	240	160	120	100	80	60				
分值	100	98	93	85	82	78	70	50				
隶属度	1.00	0.98	0.93	0.85	0.82	0.78	0.70	0.50				
有效锌	2.0	1.5	1.2	1.0	0.8	0.5	0.3					
分值	100	92	87	85	80	70	55					
隶属度	1.00	0.92	0.87	0.85	0.80	0.70	0.55					
有效硼	1.8	1.5	1.2	1.0	0.8	0.5	0.2					
分值	100	95	87	85	80	70	55					
隶属度	1.00	0.95	0.87	0.85	0.80	0.70	0.55					
耕层质地	中壤	轻壤	重壤	砂壤	砂土							

续表

坡度	0	0.2	0.5	1	3	5	7	10	15	25		
分值	100	95	80	70	55							
隶属度	1.00	0.95	0.80	0.70	0.55							
障碍层状况	其他	浅黏	夹砂砂姜	砾质	石渣土							
分值	100	90	80	60	40							
隶属度	1.00	0.90	0.80	0.60	0.40							
剖面构型	中壤均质	中壤黏腰	轻壤黏腰	轻壤均质	中壤黏心	中壤砂姜腰	中壤砂腰	重壤均质	轻壤砂心	砂壤砂心	中层	薄层
分值	100	95	95	90	85	85	80	60	60	50	30	10
隶属度	1.00	0.95	0.95	0.90	0.85	0.85	0.80	0.60	0.60	0.50	0.30	0.10
有效土层	150	130	110	90	70	50	30					
分值	100	95	88	70	55	35	10					
隶属度	1.00	0.95	0.88	0.70	0.55	0.35	0.10					

通过模拟共得到直线型、戒上型、戒下型 3 种类型的隶属函数，其中有效磷属于以上 2 种或 2 种以上的复合型隶属函数，地貌类型、质地等描述性的因素属于直线型隶属函数，然后根据隶属函数计算各参评因素的单因素评价评语。以有机质为例绘制的散点图和模拟曲线如图 5-7 和图 5-8 所示。

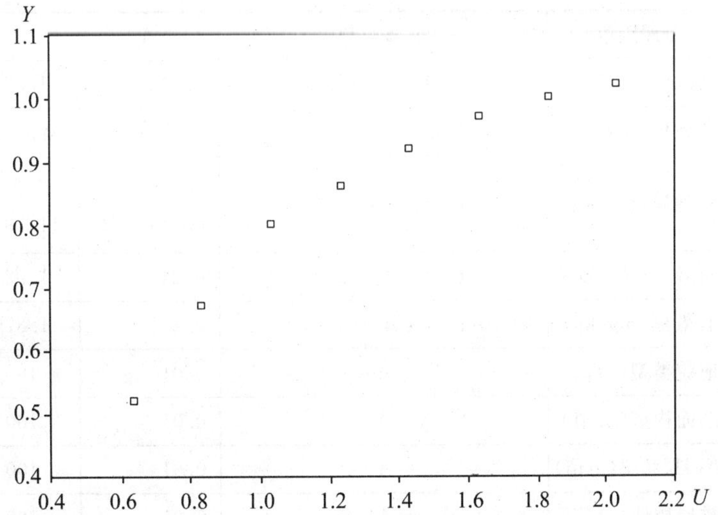

图 5-7　有机质与隶属度关系散点图

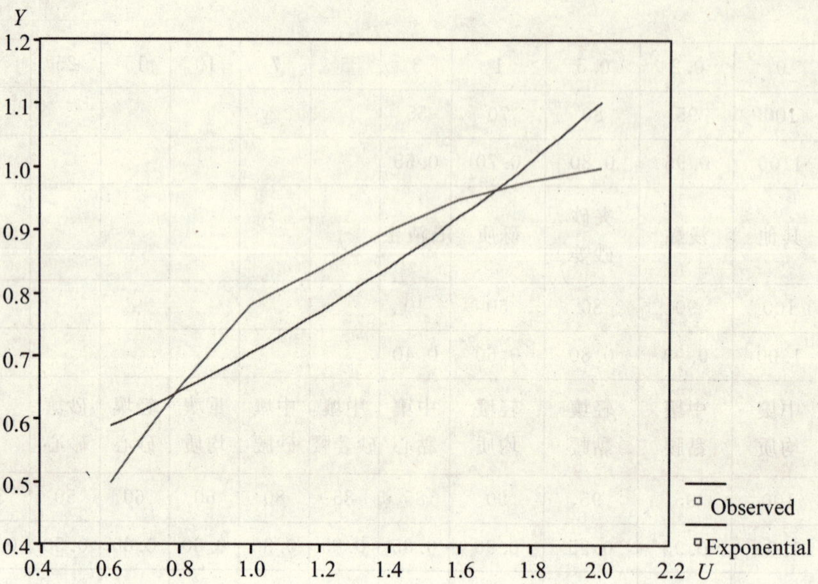

图 5-8　有机质与隶属度关系曲线

其隶属函数为戒上型,形式为:

$$y=\begin{cases}0 & (x\leqslant x_t)\\ \dfrac{1}{1+A(x-C)^2} & (x_t<x<C)\\ 1 & (C\leqslant x)\end{cases}$$

各参评因素类型及其隶属函数如表 5-8 所示。

表 5-8　参评因素类型及其隶属函数

函数类型	参评因素	隶属函数	A	C	U_t
戒上型	有机质(g/kg)	$y=1/[1+A\times(x-C)^2]$	0.543	1.822	0.35
戒上型	速效钾(mg/kg)	$y=1/[1+A\times(x-C)^2]$	0.00000760	327.836	15
戒上型<110 戒下型>110	有效磷(mg/kg)	$y=1/[1+A\times(x-C)^2]$	0.0000992 0.00000742	80.159 111.967	3 450
戒 上 型	有效锌(mg/kg)	$y=1/[1+A\times(x-C)^2]$	0.245	1.924	0.1
戒 上 型	有效硼(mg/kg)	$y=1/[1+A\times(x-C)^2]$	0.251	1.879	0.1
直线型	地貌类型(分值)	$y=A\times x$	0.01	100	0
直线型	剖面构型(分值)	$y=A\times x$	0.01	100	0
直线型	障碍层状况(分值)	$y=A\times x$	0.01	100	0
直线型	耕层质地(分值)	$y=A\times x$	0.01	100	0
直线型	坡度(分值)	$y=A\times x$	0.01	100	0

续表

函数类型	参评因素	隶属函数	A	C	U_t
直线型	灌溉保证率(分值)	$y=A\times x$	0.01	100	0
直线型	有效土层(分值)	$y=A\times x$	0.01	100	0

二、耕地地力等级的确定

(一)计算耕地地力综合指数

用指数和法来确定耕地的综合指数,公式为:

$$\text{IFI} = \sum F_i \times C_i$$

其中,IFI(Integrated Fertility Index)代表耕地地力综合指数;F_i 代表第 i 个因素评语;C_i 代表第 i 个因素的组合权重。

具体操作过程:在县域耕地资源管理信息系统中,在"专题评价"模块中编辑立地条件、物理性状和化学性状的层次分析模型以及各评价因子的隶属函数模型,然后选择"耕地生产潜力评价"功能进行耕地地力综合指数的计算。

(二)确定最佳的耕地地力等级数目

计算耕地地力综合指数之后,在耕地资源管理系统中选择累积曲线分级法进行评价,根据曲线斜率的突变点(拐点)来确定等级的数目和划分综合指数的临界点,将东平耕地地力共划分为 6 级,各等级耕地地力综合指数如表 5-9 所示,综合指数分布如图 5-9 所示。

表 5-9 东平县耕地地力等级综合指数

IFI	>0.91623	0.86825～0.91623	0.80111～0.86825	0.67902～0.80111	0.51355～0.67902	<0.51355
耕地地力等级	一级地	二级地	三级地	四级地	五级地	六级地

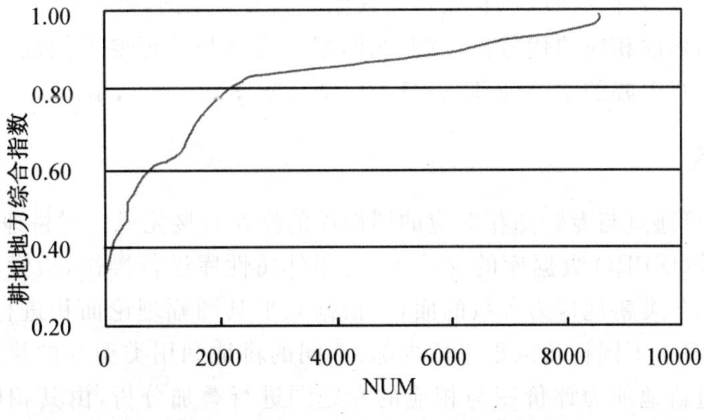

图 5-9 东平县耕地质量综合指数分布图

第六节　成果图编制及面积量算

一、图件的编制

为了提高制图的效率和准确性，在地理信息系统软件 MAPGIS 的支持下，进行东平县耕地地力评价图及相关图件的自动编绘处理，其步骤大致分以下几步：扫描矢量化各基础图件→编辑点、线→点、线校正处理→统一坐标系→区编辑并对其赋属性→根据属性赋颜色→根据属性加注记→图幅整饰输出。另外，还充分发挥 MAPGIS 强大的空间分析功能，用评价图与其他图件进行叠加，从而生成其他专题图件，如评价图与行政区划图叠加，进而计算各行政区划单位内的耕地地力等级面积等。

（一）专题图地理要素底图的编制

专题地图的地理要素内容是专题图的重要组成部分，用于反映专题内容的地理分布，并作为图幅叠加处理等的分析依据。地理要素的选择应与专题内容相协调，考虑图面的负载量和清晰度，应选择基本的、主要的地理要素。

以东平县最新的土地利用现状图为基础，对此图进行了制图综合处理，选取主要的居民点、交通道路、水系、境界线等及其相应的注记，进而编辑生成 1∶375000 各专题图地理要素底图。

（二）耕地地力评价图的编制

以耕地地力评价单元为基础，根据各单元的耕地地力评价等级结果，对相同等级的相临评价单元进行归并处理，得到各耕地地力等级图斑。在此基础上，分两个层次进行图面耕地地力等级的表示：一是颜色，即赋予不同耕地地力等级以相应的颜色。二是代号，用罗马数字Ⅰ、Ⅱ、Ⅲ、Ⅳ、Ⅴ、Ⅵ表示不同的耕地地力等级，并在评价图相应的耕地地力图斑上注明。将评价专题图与以上的地理要素图复合，整饰得东平县 1∶375000 耕地地力评价图（见附图 1）。

（三）其他专题图的编制

对于有机质、速效钾、有效磷、有效锌等其他专题要素地图，则按照各要素的分级分别赋予相应的颜色，标注相应的代号，生成专题图层。之后与地理要素图复合，编辑处理生成专题图件，并进行图幅的整饰处理，最终专题图如附图 2～12 所示。

二、面积量算

面积的量算可通过与专题图相对应的属性库的操作直接完成。对耕地地力等级面积的量算，则可在 FOXPRO 数据库的支持下，对图件属性库进行操作，检索相同等级的面积，然后汇总得出各类耕地地力等级的面积，根据东平县图幅理论面积进行平差，得到准确的面积数值。对于不同行政区划单位内部、不同的耕地利用类型等的耕地地力等级面积的统计，则通过耕地地力评价图与相应的专题图进行叠加分析，由其相应属性库统计获得。

第六章　耕地地力分析

本次耕地地力分析，按照农业部耕地质量调查和评价的规程及相关标准，结合当地实际情况，选取了对耕地地力影响较大，区域内变化明显，在时间序列上具有相对稳定性，与农业生产有密切关系的 11 个因素，建立评价指标体系。以土壤图与土地利用现状图叠加形成评价单元，应用模糊综合评判方法，通过综合分析，将全县耕地共划分为 6 个等级，根据评价结果进行耕地地力的系统分析。

第一节　耕地地力等级与分布

一、耕地地力等级面积统计

利用 MAPGIS 软件，对评价图属性库进行操作，检索统计耕地各等级的面积和图幅总面积。以 2007 年东平县耕地总面积为基准，按面积比例进行平差，统计得出各耕地地力等级面积。

东平县耕地总面积为 68471.09hm^2，其中一级地、二级地、三级地比例较大，分别占耕地总面积的 20%左右，其他级别的耕地在 10%左右。东平县是粮食生产大县，常年以小麦、玉米粮食生产为主，2009 年东平县小麦平均单产为 427kg/667m^2，玉米平均单产为 513kg/667m^2。结合东平小麦、玉米常年产量水平，在对全县耕地地力等级划分的同时，对粮食单产也进行了同步划分，以便能够直观有效地指导农业生产（见表 6-1）。

表 6-1　　东平县耕地地力评价结果面积统计

等　级	一级地	二级地	三级地	四级地	五级地	六级地	总　计
面积(hm^2)	15842.29	18375.47	16135.28	6918.99	9976	1223.06	68471.09
粮食产量水平(吨/hm^2)	15.75	14.25	12.75	11.25	9.75	8.25	
百分比(%)	23.14	26.84	23.56	10.1	14.57	1.79	100

注：粮食产量水产指当年小麦、玉米单产之和。

二、耕地地力空间分布分析

(一)耕地地力等级分布

一级地和二级地主要分布于东平县东南部和西北部地区，面积较大，占耕地总面积的

53.54%，该区农业基础设施均配套成型，测土配方施肥工程也首先在这一区域展开。三级地在县域内分布相对分散，四级地、五级地、六级地集中分布在东平县的东北部，其中三级地、四级地属于只要加大资金投入，完善基础设施，改善生产条件，产量就能大幅提高的中产田类型，有一定的开发潜力，五级地、六级地有效耕层薄，肥力低，基本无灌溉条件，属于低产田类型。

从各等级的分布地域特征可以看出，等级的高低与地貌类型、土壤类型及海拔高度之间存在着密切的关系，呈现明显的地域分布规律：随着耕地地力等级的降低，地貌类型从坡地、缓坡地和河滩地逐渐过渡到岭地。土壤类型由潮土逐渐过渡为粗骨土和褐土。

（二）耕地地力等级的行政区域划分

将耕地地力等级分布图与东平县行政区划图进行叠加分析，从耕地地力等级行政区域分布数据库中，按权属字段检索出各等级的记录，统计出一级地至六级地在各乡镇的分布状况（见表 6-2）。

从表中看出，高等级的一级地、二级地所占比例较高的乡镇为斑鸠店镇、州城镇、新湖乡、银山镇、商老庄乡、彭集镇和沙河站镇；中等地力的三级地、四级耕地所占比例较高的乡镇为斑鸠店镇、梯门乡、大羊乡、接山乡、戴庙乡；较低等级的五级地、六级地所占比例较高的乡镇主要为旧县乡、老湖镇和梯门乡。

表 6-2　　东平县耕地地力等级行政区域分布

乡镇名称		一级地	二级地	三级地	四级地	五级地	六级地	合 计
斑鸠店镇	面积(hm^2)	123.43	2167.18	1840.76	23.83	127.11	6.9	4289.21
	百分比(%)	2.88	50.52	42.92	0.56	2.96	0.16	100
旧县乡	面积(hm^2)	222.23	443.5	969.74	92.49	825.88	141.96	2695.8
	百分比(%)	8.24	16.45	35.97	3.43	30.64	5.27	100
老湖镇	面积(hm^2)	385.69	595.63	1897.58	414.19	1635.6	188.99	5117.68
	百分比(%)	7.54	11.64	37.08	8.09	31.96	3.69	100
州城镇	面积(hm^2)	3100.19	761.55	0	0	0	0	3861.74
	百分比(%)	80.28	19.72	0	0	0	0	100
新湖乡	面积(hm^2)	2959.08	2060.96	1381.41	0	0	0	6401.45
	百分比(%)	46.23	32.19	21.58	0	0	0	100
银山镇	面积(hm^2)	506.81	1948.29	877.09	41.53	205.37	36.03	3615.12
	百分比(%)	14.02	53.89	24.26	1.15	5.68	1	100
梯门乡	面积(hm^2)	87.87	921.35	675.66	1091.66	2303.95	180.43	5260.92
	百分比(%)	1.68	17.51	12.84	20.75	43.79	3.43100	
大羊乡	面积(hm^2)	54.29	1153.84	1092.36	2566.51	1775.24	213.94	6856.18
	百分比(%)	0.79	16.83	15.94	37.43	25.89	3.12	100
东平镇	面积(hm^2)	1952.27	1100.76	1132.69	408.58	995.6	293.83	5883.73
	百分比(%)	33.18	18.71	19.25	6.94	16.93	4.99	100

续表

乡镇名称		一级地	二级地	三级地	四级地	五级地	六级地	合　计
东平镇	面积(hm²)	1952.27	1100.76	1132.69	408.58	995.6	293.83	5883.73
	百分比(%)	33.18	18.71	19.25	6.94	16.93	4.99	100
接山乡	面积(hm²)	1746.6	1653.96	1786.03	1675.9	1764.76	159.84	8787.09
	百分比(%)	19.88	18.82	20.33	19.07	20.08	1.82	100
戴庙乡	面积(hm²)	202.52	1438.18	1221.14	547.36	342.48	1.15	3752.83
	百分比(%)	5.4	38.32	32.54	14.59	9.12	0.03	100
商老庄乡	面积(hm²)	10.32	2151.37	1280.52	0.66	0	0	3442.87
	百分比(%)	0.3	62.49	37.19	0.02	0	0	100
彭集镇	面积(hm²)	1305.7	1501.28	1980.32	56.29	0	0	4843.59
	百分比(%)	26.96	31	40.89	1.15	0	0	100
沙河站镇	面积(hm²)	3185.3	477.58	0	0	0	0	3662.88
	百分比(%)	86.96	13.04	0	0	0	0	100

第二节　耕地地力等级分述

一、一级地

(一)面积与分布

一级地综合评价指数为0.91623～0.98532，耕地面积为15842.29hm²，占总耕地面积的23.14%。其中水浇地面积为15283.44hm²，占一级地面积的96.47%，旱地面积为499.78hm²，占一级地面积的3.15%，菜地面积为59.07hm²，占一级地面积的0.37%(见表6-3)。

一级地主要分布在州城镇、新湖乡、东平镇、沙河站镇，其余各乡镇均有不同程度的分布。

表6-3　一级地各耕地利用类型面积

利用类型	评价单元(个)	面积(hm²)	占耕地总面积(%)	占本级地面积(%)
水浇地	1825	15283.44	22.32	96.47
旱　地	108	499.78	0.73	3.15
菜　地	21	59.07	0.09	0.37
总　计	1954	15842.29	23.14	100

(二)主要属性分析

一级地主要位于坡度相对较低的洪积冲积扇形地边缘和平地上。土壤类型主要为潮土和褐土，表层质地以轻壤和中壤为主，有效土层厚度为90～200cm。土壤母质主要是洪积物，土壤剖面构型以轻壤均质、中壤均质、壤质黏心、壤质黏腰为主，较少存在障碍层次，土壤理化性状良好，可耕性强。地貌类型以缓平坡地、山前(微)倾斜平地、浅平洼地、缓平坡地、岗坡地和洼坡地为主，少量为河漫滩。农田基础设施配套，排水能力较强，灌溉能力良好，可利用井水、河湖水源，采用漫灌、畦灌进行灌溉。作物种类较多，以一年两熟为主，作物以小麦—玉米/大豆、其他—蒜—玉米/大豆、其他—小麦—花生为主，部分为一年一熟的棉花、大豆。作物年平均产量为 1004.21kg/667m^2。土壤养分含量在总体含量上和平均含量上都较高(见表 6-4)。

表 6-4 一级地主要养分含量

	有机质(g/kg)	有效磷(mg/kg)	速效钾(mg/kg)	有效锌(mg/kg)	有效硼(mg/kg)
平均值	1.41	39.55	122.37	2.45	0.55
范围值	0.49～2.99	7.02～99.03	64.68～373.69	0.47～6.31	0.14～1.45
含量水平	中偏上	中偏上	中偏上	中偏上	中等

(三)存在问题

一级地存在问题：一是观念上，人们历来注重二、三产业，农业投入比例低于二、三产业投入；二是土壤肥力水平、农田基础设施完善程度与高产、高效农业的需求还有一定差距；三是施肥、用药种类与比例不合理。

(四)合理利用

土层厚，排灌性好，易于耕作，养分含量高，保肥、保水，适于各种作物生长。利用方向是发展高产、优质、高效农业，如无公害蔬菜基地、日光温室、反季节瓜果栽培等。为此，应搞好以下工作：农业部门应结合科技入户、配方施肥等工程，加大宣传力度，转变观念，提高认识，加大农业投入，提升农业综合生产能力；增施有机肥，增加土壤有机质含量；实施平衡施肥，防止土壤污染，适量补施微肥，提高耕地质量；加大检测力度，确保农业灌溉、施肥、用药安全，搞好无公害生产。

二、二级地

(一)面积与分布

二级地综合评价指数为 0.86825～0.91623，耕地面积为 18375.46hm^2，占全县总耕地面积的 26.83%。其中灌溉水田面积为 210.59hm^2，占二级地面积的 1.15%，水浇地面积为 16735.89hm^2，占二级地面积的 91.08%，旱地面积为 1391.35hm^2，占二级地面积的 7.57%，菜地面积为 37.64hm^2，占二级地面积的 0.2%(见表 6-5)。

二级地在县域内分布相对均匀，在斑鸠店镇、新湖乡、银山镇、戴庙乡、商老庄乡、彭集镇分布相对集中，其他乡镇有不同程度的分布。

表 6-5 二级地各耕地利用类型面积

利用类型	评价单元(个)	面积(hm^2)	占耕地总面积(%)	占本级地面积(%)
灌溉水田	12	210.59	0.31	1.15
水浇地	1975	16735.89	24.44	91.08
旱地	185	1391.35	2.03	7.57
菜地	16	37.64	0.05	0.2
总计	2188	18375.46	26.83	100

(二)主要属性分析

二级地土壤类型以潮土和褐土为主。成土母质主要为洪积物与冲积物,土壤表层质地为轻壤、中壤、砂壤和黏土,剖面构型主要为轻壤均质、砂壤均质、中壤厚黏心、黏土均质。土壤为粒状、团粒状结构。地貌类型以浅平洼地、缓平坡地、岗坡地和山前(微)倾斜平地为主,少量为河漫滩和洼坡地。地势平坦,土层厚,有效土层厚度为70～200cm,土壤理化性状较好,可耕性较强。农田基础设施基本配套,但存在一些不配套的情况,排水能力较强,灌溉以充分满足和一般满足为主。采用井水、湖泊和河流水源,采用漫灌和畦灌进行灌溉。作物主要为一年两熟,主要为小麦—玉米、小麦—玉米/大豆、其他—小麦—大豆/花生,少量为一年一熟的玉米、大豆等,作物年平均产量为913.67kg/667m^2。土壤养分除有效硼略偏低外,其他养分含量均比较理想(见表6-6)。

表 6-6 二级地主要养分含量

	有机质(g/kg)	有效磷(mg/kg)	速效钾(mg/kg)	有效锌(mg/kg)	有效硼(mg/kg)
平均值	1.33	28.14	140.98	2.11	0.52
范围值	0.51～3.32	6.47～88.80	58.32～322.70	0.20～7.14	0.11～1.42
含量水平	中偏上	中等	中偏上	中偏上	中等

(三)存在问题

二级地主要存在的问题是部分耕地环境质量欠佳,土壤中存在一些障碍层次,影响土壤的通透性,进而影响作物的长势和产量;农田灌溉保证率较低,难以对农田进行充分灌溉;土壤养分,尤其是有效硼含量偏低。

(四)合理利用

增施有机肥料,培肥地力;采取深耕等措施,改良土壤质地和构型,同时与农田基础建设相结合,兴修水利,充分利用水源,扩大灌溉面积;扩大肥源,培肥土壤;合理轮作,调剂养分,余缺互补;因地制宜,在不适合种植粮食等作物的地方发展果园经济。

三、三级地

(一)面积与分布

三级地综合评价指数为0.80111～0.86825，耕地面积为16135.28hm²，占总耕地面积的23.56%，其中灌溉水田面积为50.47hm²，占三级地面积的0.31%，水浇地面积为13358hm²，占三级地面积的82.79%，旱地面积为2690.26hm²，占三级地面积的16.67%，菜地面积为36.56hm²，占三级地面积的0.23%(见表6-7)。

三级地在斑鸠店镇、旧县乡、老湖镇、戴庙乡、商老庄乡、彭集镇分布相对集中，其他乡镇也有不同程度的分布。

表6-7　　三级地各耕地利用类型面积

利用类型	评价单元(个)	面积(hm²)	占耕地总面积(%)	占本级地面积(%)
灌溉水田	6	50.47	0.07	0.31
水浇地	1838	13358	19.51	82.79
旱地	368	2690.26	3.93	16.67
菜地	18	36.56	0.05	0.23
总计	2230	16135.28	23.56	100

(二)主要属性分析

三级地土壤类型主要为褐土和潮土，成土母质主要为洪积物、冲积物和湖积物。土壤表层质地以壤土和黏土为主，剖面构型主要为黏土、中壤均质、轻壤均质，存在黏土等障碍层次，土壤团粒状、块状结构。地貌类型主要为浅平洼地、山前微倾斜平地，部分为岗坡地、河漫滩、近山阶地和荒坡岭。有效土层厚度为50～150cm，土壤理化性质较好，可耕性较强。农田基础设施中有许多无配套情况，排水能力较强，灌溉能力主要为充分满足和基本满足，可利用井水、河流等水源，采用漫灌和畦灌进行灌溉。作物多为一年两熟，同时有一年一熟的，作物主要为小麦—玉米、其他—小麦—花生/大豆，作物年平均产量为837.82kg/667m²。土壤养分含量中有效硼含量偏低(见表6-8)。

表6-8　　三级地主要养分含量

	有机质(g/kg)	有效磷(mg/kg)	速效钾(mg/kg)	有效锌(mg/kg)	有效硼(mg/kg)
平均值	1.36	23.25	131.95	2.05	0.49
范围值	0.47～2.99	5.22～83.15	61.39～354.63	0.23～6.56	0.05～1.53
含量水平	中偏上	中等	中偏上	中偏上	中偏下

(三)存在问题

三级地中部分耕地存在一些障碍因素，不利于作物的生长；耕地水浇条件受一定限制，灌溉保证率有待提高；耕地大平小不平，地块有倾斜；耕地养分整体含量有待提高。

（四）合理利用

搞好农田基本建设，充分利用水源，维护和建设水利设施，大力推广节水灌溉，提高灌溉保证率；平田整地，深翻改土，加深耕层厚度，改善土壤物理性状；增施有机肥料和微肥。

四、四级地

（一）面积与分布

四级地综合评价指数为 0.67902～0.80111，耕地面积为 6918.99hm²，占总耕地面积的 10.1%。其中水浇地面积为 3784.67hm²，占四级地面积的 54.7%，旱地面积为 3125.31hm²，占四级地面积的 45.17%，菜地面积为 9.02hm²，占四级地面积的 0.13%（见表 6-9）。

四级地在各乡镇分布相对较少，除在东北部的梯门乡、大羊乡、接山乡分布较多外，其他乡镇只有零星分布或者没有分布。

表 6-9　　四级地各耕地利用类型面积

利用类型	评价单元（个）	面积（hm²）	占耕地总面积（%）	占本级地面积（%）
水浇地	358	3784.67	5.53	54.7
旱地	379	3125.31	4.56	45.17
菜地	2	9.02	0.01	0.13
总计	739	6918.99	10.1	100

（二）主要属性分析

四级地土壤类型为褐土和潮土，成土母质主要为洪积物和湖积物，同时有冲积物、黄土母质等。土壤表层质地主要为壤土和黏土，同时有部分砂土，剖面构型主要为壤均质和黏土，部分为中层构型，部分地区存在砾石和黏质的障碍层次，土壤团粒状、粒状、块状结构。地貌类型复杂，有山前（微）倾斜平地、山间洼地、坡麓梯田、决口扇形地、近山阶地、荒坡岭、河漫滩等。农田基础设施较差，多数无农田基础设施建设，排水能力较强，约半数耕地灌溉难以保证，可利用井水水源，采用固定管道或者提水＋固定管道形式进行灌溉，半数耕地年灌溉次数在两次以内，部分甚至无法灌溉。作物多为一年两熟，部分一年一熟，主要作物为小麦—玉米、棉花，作物年平均产量为 795.14kg/667m²。有效土层为 30～150cm，土壤养分含量较高，但有效硼含量稍低（见表 6-10）。

表 6-10　　四级地主要养分含量

	有机质（g/kg）	有效磷（mg/kg）	速效钾（mg/kg）	有效锌（mg/kg）	有效硼（mg/kg）
平均值	1.34	22.12	143.45	1.82	0.4
范围值	0.39～2.90	6.27～70.28	58.33～280.58	0.34～5.40	0.08～1.01
含量水平	中偏上	中等	中偏上	中偏上	中偏下

(三)存在问题

该级耕地部分地区存在砾质等障碍层次,有效土层较薄,影响作物的生长;地形复杂,井水有限,而河流等水资源难以有效利用,灌溉保证率较低,干旱是最主要的限制因子;有效硼养分含量偏低,有待提高。

(四)改良利用

因地制宜,平整土地,增施有机肥,改善土壤环境,提高水源的利用能力,保障灌溉水平;调整种植业结构,大力发展旱作农业,利用山区环境好、无污染的特点,引导、鼓励农民发展果品生产;增施适量的微肥,提高有效硼含量;做好水土保持工作,避免有效土层的减少。

五、五级地

(一)面积与分布

五级地综合评价指数为 0.51355～0.67902,耕地面积为 9976hm^2,占总耕地面积的 14.57%,其中水浇地面积为 490.25hm^2,占五级地面积的 4.91%,旱地面积为 9485.75hm^2,占五级地面积的 95.09%(见表 6-11)。

五级地在旧县乡、老湖镇、梯门乡分布较多,其他乡镇只有部分分布或无分布。

表 6-11　　五级地各耕地利用类型面积

利用类型	评价单元(个)	面积(hm^2)	占耕地总面积(%)	占本级地面积(%)
水浇地	75	490.25	0.72	4.91
旱地	960	9485.75	13.85	95.09
总计	1035	9976	14.57	100

(二)主要属性分析

五级地主要分布在东平县的东北部地区,土壤类型主要为褐土,少量为粗骨土、潮土,成土母质主要为洪积物和黄土母质,少量为坡积物。土壤表层质地为轻壤和中壤,剖面构型为中壤均质、轻壤均质、中层等,存在多砾质和厚砂姜腰等障碍层次,土壤粒状、团粒状、块状结构。地貌类型主要为荒坡岭、坡麓梯田、岭坡梯田、近山阶地等,部分为河漫滩和缓岗地。超过半数的耕地无农田基础设施或者不配套,排水能力较强,半数耕地无灌溉条件,能进行灌溉的耕地则主要利用井水水源,采用固定管道利用漫、灌畦灌方式进行灌溉。有效土层为 30～150cm。作物以一年两熟和一年一熟为主,作物主要是小麦—玉米、棉花等,作物年平均产量为 655.80kg/667m^2。土壤养分中,有效磷和有效硼含量偏低(见表 6-12)。

表 6-12　　五级地主要养分含量

	有机质(g/kg)	有效磷(mg/kg)	速效钾(mg/kg)	有效锌(mg/kg)	有效硼(mg/kg)
平均值	1.31	18.56	134.98	1.99	0.37
范围值	0.16～3.15	5.25～83.15	78.07～346.83	0.27～4.71	0.10～0.82
含量水平	中偏上	中偏下	中偏上	中偏上	中偏下

（三）存在主要问题

土壤耕性不良，土壤中较多的砾石和厚砂姜腰等障碍层次影响作物生长；有效磷和有效硼含量偏低，对作物产量影响较大；灌溉保证率偏低，难以满足大田作物生长的需要；坡度较大，耕作利用难度加大。

（四）改良利用

增施有机肥，从整体上提高养分含量，并适量补充磷肥和微肥；做好水土保持工作，避免水土流失；扩大水源，完善水利设施，提高灌溉保证率；因地制宜，种植耐干旱的作物；合理规划，建设梯田，平整土地，充分利用土地资源。

六、六级地

（一）面积与分布

六级地综合评价指数为 0.31600～0.51355，面积为 1223.06hm^2，占总耕地面积的 1.78%，其中水浇地面积为 9.25hm^2，占六级地面积的 0.76%，旱地面积为 1213.81hm^2，占六级地面积的 99.24%（见表 6-13）。

六级地在各乡镇面积相对较少，占耕地面积的 5%以下。

表 6-13　　六级地各耕地利用类型面积

利用类型	评价单元（个）	面积（hm^2）	占耕地总面积（%）	占本级地面积（%）
水浇地	6	9.25	0.01	0.76
旱地	408	1213.81	1.77	99.24
总计	414	1223.06	1.78	100

（二）主要属性分析

六级地零星分布在东平县的东北部，土壤类型主要为粗骨土，少量为褐土，成土母质主要为黄土母质和洪积物。土壤表层质地主要是中壤和轻壤，剖面构型主要是中层和薄层，大部分存在障碍层次，主要是多砾质和中砾质，土壤粒状、团粒状结构。地貌类型主要为山地。大多数耕地无农田基础设施或者不配套，排水能力较强，基本无灌溉条件，仅有少量的井水水源，利用固定管道采用漫灌、畦灌方式灌溉，大部分地区不能灌溉。有效土层厚度为 30～150cm。作物为一年一熟和一年两熟，主要种植模式为小麦—玉米、其他—地瓜、棉花等，作物年平均产量为 711.84kg/667m^2。土壤养分中，有效磷和有效硼含量偏低（见表 6-14）。

表 6-14　　六级地主要养分含量

	有机质（g/kg）	有效磷（mg/kg）	速效钾（mg/kg）	有效锌（mg/kg）	有效硼（mg/kg）
平均值	1.33	16.26	135.6	1.96	0.36
范围值	0.65～2.44	3.79～63.26	82.30～268.57	0.34～4.37	0.05～0.82
含量水平	中偏上	中偏下	中偏上	中偏上	中偏下

(三)存在问题

该级耕地中普遍存在障碍层次,不利于作物的生长;基本无灌溉能力,难以保障作物基本生长的需要;多数耕地有效土层较薄;耕地坡度偏大,作物种植困难;有效磷和有效硼含量偏低。

(四)改良利用

通过合理种植,充分利用多砾质等障碍层次的耕地,提高土地的生产能力;完善灌溉设施、扩大水源、充分利用雨水等,提高灌溉保证率;增施有机肥料、磷肥和微肥,增加土壤养分和有效土层厚度;合理规划,将坡度较大的耕地开发成梯田,平整土地,充分利用土地;根据实际情况发展经济林、用材林,以防止水土流失,保护自然植被。

第七章　耕地资源管理信息系统建设

第一节　概　述

一、项目来源及目的意义

东平县耕地资源信息系统数据库建设工作，是农业部沃土工程“科学施用化肥”，即测土配方施肥工作的重要组成部分，是国家实现农业科学种田，促进粮食稳定生产，实现农业科学施肥经常化、普及化的重要工作，是实现农业耕地地力评价成果资料统一化、标准化的重要计划，是实现综合农业信息资料共享的技术手段。东平县耕地资源信息系统数据库建设工作是对最新的土地利用现状调查的成果，第二次土壤普查的土壤、地貌等成果，本次耕地地力评价工作采集的土壤化学分析等成果进行汇总，建立的一个集空间数据库和属性数据库的存储、管理、查询、分析、显示为一体的数据库，为科学种田及施肥、农业的可持续发展、深化农业科学管理工作服务。

二、建库单位组成

为加快东平县耕地资源信息系统数据库建设工作，依据农业部《县域耕地资源信息系统数据库建设工作》要求，由多年来一直从事农业测土配方施肥研究、耕地地力评价、数据库建设工作有一定经验的单位组成联合工作组。

山东省土壤肥料总站：负责评价及建库工作组织、协调、标准制定、土壤图成果资料的归属核查处理等。

山东农业大学资源与环境学院：负责耕地地力评价图、土壤化学微量元素系列图及研究报告编制等。

山东天地亚太国土遥感有限公司：负责土地、土壤、矿化度、地貌、灌溉分区等图件扫描矢量化及几何校正处理等编图工作，耕地地力评价所有建库资料统一化、标准化处理，空间数据库和属性数据库建设，耕地地力评价成果图件修改编辑及图件输出、数据库建设报告编制等工作。

三、建库工作的软硬件环境

（一）主要硬件

P43.0计算机10台。

HP5000 和 HP3500 绘图仪各 1 台。

(二)软件

MAPGIS 6.7 软件 10 套。

ARCGIS 9.2 软件 2 套。

县域耕地资源信息系统软件 2 套。

ENVI 4.6 遥感图像处理与分析软件 1 套。

第二节 建库内容及建库工作中主要问题的处理

一、建库内容

依据农业部《耕地地力评价工作数据库建设》的要求，东平县耕地资源信息系统数据库建设工作包括空间数据库和属性数据库两部分内容。属性数据库严格按照县域耕地资源信息系统数据字典及建库县提供的有关数据编制。空间数据库包括土地利用现状图、土壤图、坡度图、灌溉分区图、地貌图、耕地地力调查点点位图、耕地地力评价等级图、土壤化学微量元素系列图等。

二、建库工作中的主要问题

东平县耕地资源信息系统数据库建设工作由于涉及的内容太多，加之部分资料为第二次土壤普查的资料，与县域耕地资源信息系统数据字典的要求对比，存在以下问题：

第二次土壤普查的成果均为纸介质图，因图纸折叠和自然伸缩的影响，图件变形大，形成较大的误差。

土地利用现状图为 2006 年以前的现状，近年来交通用地和蔬菜地等出现变化。

东平县土壤图中的土种名称和编码与山东省土种归属要求、全国土种标准名称及编码等不一致。

东平县的地貌图为微地貌图，与县域耕地资源信息系统数据字典中地貌划分的名称不能一一对应。

同一个县已有资料坐标系不统一问题，如第二次土壤普查图件为 1954 年北京坐标系，土地利用现状图或行政区划图为 1980 年西安坐标系等。

三、建库工作中有关问题的处理

依据 1∶375000 标准地形图，对所有建库的纸介质成果图全部进行几何校正处理，以消除纸介质成果图的误差。

依据较新的航空卫星资料对近年来变化的公路、铁路等进行了修改补充。

为使东平县土种的名称及代码与省标和国标相对应，在耕地资源信息系统数据库建设前，首先对土壤图中所有图斑内容进行了检查统计，错漏问题交项目县修改并编制土种归属表，最后由省土肥站进行土种归属复查处理。在此基础上，编制了国标、省标、县土壤名称及代码对比表。为方便县域土壤图的利用和对比，建库后的图中仍保留了原县域土壤图的土种代码，属性挂接为国标代码。

由于县域耕地资源信息系统数据字典中划分的地貌名称少，其地貌名称不能一一对应，在建库时尽量选择与数据字典中相近的地貌名称进行编码。为方便地貌图的利用和对比，在地貌图中保留了原地貌图的名称和代码，图例中增加了建库数据字典中规定的地貌名称、代码与县原地貌名称、代码的对比表，属性挂接为数据字典中规定的地貌名称和代码。

对同一个县已有资料坐标系不统一问题，依据数据库建设要求，所有成果全部统一到高斯—克吕格投影、6度分带、1954年北京坐标系中。

第三节 数据库标准化

一、标准引用

县域耕地资源信息系统数据字典中规定的国标及行业有关技术标准：

1. GB 2260-2002 《中华人民共和国行政区划代码》
2. NY/T 309-1996 《全国耕地类型区、耕地地力等级划分标准》
3. NY/T 310-1996 《全国中低产田类型划分与改良技术规范》
4. GB/T 17296-2000 《中国土壤分类与代码》
5. 全国农业区划委员会 《土地利用现状调查技术规程》
6. 国土资源部 《土地利用现状变更调查技术规程》
7. GB/T 13989-1992 《国家基本比例尺地形图分幅与编号》
8. GB/T 13923-1992 《国土基础信息数据分类与代码》
9. GB/T 17798-1999 《地球空间数据交换格式》
10. GB 3100-1993 《国际单位制及其应用》
11. GB/T 16831-1997 《地理点位置的纬度、经度和高程表示方法》
12. GB/T 10113-2003 《分类编码通用术语》
13. GB/T 10114-2003 《县以下行政区划代码编制规则》
14. GB/T 9648-1988 《中国国际单位制代码》
15. 农业部 《全国耕地地力调查与评价技术规程》
16. 农业部 《测土配方施肥技术规范(试行)》
17. 农业部 《测土配方施肥专家咨询系统编制规范(试行)》
18. 山东省县域土种归属标准
19. 山东省县域耕地地力评价标准等

二、空间坐标系及建库平台

(一)空间数据坐标系

投影：高斯—克吕格，6度分带。1954年北京坐标系，1956年黄海高程系。比例尺为1∶375000。

（二）数据库采集模板和数据库文件格式

为使所有建库资料达到统一化和标准化，以及满足所有成果图件的输出和耕地资源地力评价工作的需要，对建库资料的扫描矢量化和几何校正处理工作均采用 MAPGIS 平台，数据库的文件格式为 MAPGIS 的点、线、面文件。待数据库成果评审验收和修改后，将 MAPGIS 的点、线、面格式转换为 SHAPE 格式，由 ARCGIS 平台进行数据库规范化处理，最后将数据库资料导入县域耕地资源信息管理系统。

第四节　数据库结构

一、空间数据库图层划分

空间数据库图层划分是严格按照县域耕地资源信息系统数据字典要求分层的，每层只反映属性相同的内容。东平县耕地资源信息系统数据库建设包括土地利用现状图、第二次土壤普查成果和耕地地力评价等 3 部分内容，其全省空间数据库图层划分情况如表 7-1 所示。

表 7-1　耕地资源信息系统空间数据库分层表

序　号	图层代码	图层名称	序　号	图层代码	图层名称
1	AD101	行政区划图	18	SP103	耕层土壤有效磷等值线图
2	AD102	县乡村位置图	19	SP104	耕层土壤速效钾等值线图
3	AD103	行政界线图	20	SP105	耕层土壤缓效钾等值线图
4	AD201	辖区边界图	21	SP106	耕层土壤有效锌等值线图
5	AD202	装饰边界图	22	SP108	耕层土壤有效钼等值线图
6	GE103	面状水系图	23	SP109	耕层土壤有效铜等值线图
7	GE104	线状水系图	24	SP110	耕层土壤有效硅等值线图
8	GE105	道路图	25	SP111	耕层土壤有效锰等值线图
9	GE201	坡度图	26	SP112	耕层土壤有效铁等值线图
10	GE203	地貌类型分区图	27	SP201	耕层土壤 pH 等值线图
11	LM102	灌溉分区图	28	SP113	耕层土壤交换性钙等值线图
12	LU101	土地利用现状图	29	SP114	耕层土壤交换性镁等值线图
13	SB101	土壤图	30		耕层土壤有效硫等值线图
14	SB203	地下水矿化度等值线图	31		耕层土壤水解性氮等值线图
15	SB302	耕地地力调查点点位图	32		耕地地力评价等级图
16	SP101	耕层土壤有机质等值线图	33		耕层土壤有效硼等值线图
17	SP102	耕层土壤全氮等值线图			

表 7-1 为山东省统一的分层情况，东平县为部分图件。

二、属性数据库结构

属性数据结构内容严格按县域耕地资源管理信息系统数据字典及建库县提供的资料编制。属性数据库结构如表 7-2 所示。

表 7-2　　耕地资源信息系统属性数据库结构表

<table>
<tr><th>图　名</th><th>属 性 数 据 结 构</th><th>字 段 类 型</th></tr>
<tr><td rowspan="5">行政区划图</td><td>内部标识码:系统内部 ID 号</td><td>长整型,9</td></tr>
<tr><td>实体类型.point,polylinc,polygon</td><td>文本型,8</td></tr>
<tr><td>实体面积:系统内部自带</td><td>双精度,19,2</td></tr>
<tr><td>实体长度:系统内部自带</td><td>长整型,10</td></tr>
<tr><td>县内行政码:根据国家统计局“统计上使用的县以下行政区划代码编制规则”编制</td><td>长整型,6</td></tr>
<tr><td rowspan="6">县乡村位置图</td><td>内部标识码:系统内部 ID 号</td><td>长整型,9</td></tr>
<tr><td>实体类型:point,polyline,polygon</td><td>文本型,8</td></tr>
<tr><td>X 坐标:无,Y 坐标:无</td><td>双精度,19,2</td></tr>
<tr><td>县内行政码:根据国家统计局“统计上使用的县以下行政区划代码编制规则”编制</td><td>长整型,10</td></tr>
<tr><td>标注类型:村标注,乡标注,县标注</td><td>长整型,6</td></tr>
<tr><td>内部标识码:系统内部 ID 号</td><td>长整型,9</td></tr>
<tr><td rowspan="6">行政界线图</td><td>实体类型:point,polyline,polygon</td><td>长整型,8</td></tr>
<tr><td>实体长度:系统内部自带</td><td>文本型,10</td></tr>
<tr><td>界线类型:根据国家基础信息标准(GB13923-92)填写</td><td>文本型,40</td></tr>
<tr><td>内部标识码:系统内部 ID 号</td><td>长整型,9</td></tr>
<tr><td>实体类型:point,polyline,polygon</td><td>文本型,8</td></tr>
<tr><td>实体面积:系统内部自带</td><td>双精度,19,2</td></tr>
<tr><td rowspan="4">辖区边界图</td><td>实体长度:系统内部自带</td><td>长整型,10</td></tr>
<tr><td>要素代码:依据《国家基础地理信息数据分类与代码》编制要素代码</td><td>长整型,5</td></tr>
<tr><td>要素名称:依据《国家基础地理信息数据分类与代码》编制要素名称</td><td>文本型,40</td></tr>
<tr><td>行政单位名称:单位的实际名称填写</td><td>文本型,20</td></tr>
<tr><td rowspan="5">装饰边界图</td><td>内部标识码:系统内部 ID 号</td><td>长整型,9</td></tr>
<tr><td>内部标识码:系统内部 ID 号</td><td>长整型,9</td></tr>
<tr><td>实体类型:point,polyline,polygon</td><td>文本型,8</td></tr>
<tr><td>实体面积:系统内部自带</td><td>双精度,19,2</td></tr>
<tr><td>实体长度:系统内部自带</td><td>长整型,10</td></tr>
</table>

续表

图 名	属性数据结构	字段类型
面状水系图	要素代码:依据《国家基础地理信息数据分类与代码》编制要素代码	长整型,5
	要素名称:依据《国家基础地理信息数据分类与代码》编制要素名称	长整型,40
	面状水系码:自定义编码	字符串,5
	面状水系名称:依据 2006 年 10 月版山东省地图册编制	字符串,20
	湖泊储水量:依据 1∶375000 地形图	字符串,8
	内部标识码:系统内部 ID 号	长整型,9
	实体类型:point,polyline,polygon	文本型,8
	实体长度:系统内部自带	长整型,10
线状水系图	要素代码:依据《国家基础地理信息数据分类与代码》编制要素代码	长整型,5
	要素名称:依据《国家基础地理信息数据分类与代码》编制要素名称	长整型,40
	线状水系码:自定义编码	长整型,4
	线状水系名称:依据 2006 年 10 月版山东省地图册编制	文本型,20
道路图	内部标识码:系统内部 ID 号	长整型,9
	实体类型:point,polyline,polygon	文本型,8
	实体长度:系统内部自带	长整型,10
	要素代码:依据《国家基础地理信息数据分类与代码》编制要素代码	长整型,5
	要素名称:依据《国家基础地理信息数据分类与代码》编制要素名称	文本型,40
	公路代码:根据国家标准 GB917.1-89《公路路线命名编号和编码规则命名和编号规则》编制	文本型,11
	公路名称:根据国家标准 GB917.1-89《公路路线命名编号和编码规则命名和编号规则》编制	文本型 20
地貌类型分区图	内部标识码:系统内部 ID 号	长整型,9
	实体类型:point,polyline,polygon	文本型,8
	实体面积:系统内部自带	双精度,19,2
	实体长度:系统内部自带	长整型,10
	地貌类型:数据引用自"中国科学院生物多样性委员会 地貌类型代码库"(四拳码)	文本型,18
灌溉分区图	内部标识码:系统内部 ID 号	长整型,9
	实体类型:point,polyline,polygon	文本型,8
	实体面积:系统内部自带	双精度,19,2
	实体长度:系统内部自带	长整型,10
	灌溉水源:县局提供数据	文本型,10
	灌溉水质:无	文本型,4
	灌溉方法:县局提供数据	文本型,18
	年灌溉次数:县局提供数据	文本型,2
	灌溉条件:无	文本型,4
	灌溉保证率:无	长整型,3
	灌溉模数:无	双精度,5,2
	抗旱能力:无	长整型,3

续表

图　名	属性数据结构	字段类型
土地利用现状图	内部标识码:系统内部 ID 号	长整型,9
	实体类型:point,polyline,polygon	文本型,8
	实体面积:系统内部自带	双精度,19,2
	实体长度:系统内部自带	长整型,10
	地类号:国土资源部发布的《全国土地分类》三级类编码	长整型,3
	平差面积:无	双精度,7,2
土壤图	内部标识码:系统内部 ID 号	长整型,9
	实体类型:point,polyline,polygon	文本型,8
	实体面积:系统内部自带	双精度,19,2
	实体长度:系统内部自带	长整型,10
	土壤国标码:土壤类型国标分类系统编码	长整型,8
地下水矿化度等值线图	内部标识码:系统内部 ID 号	长整型,9
	实体类型:point,polyline,polygon	文本型,8
	实体长度:系统内部自带	长整型,10
	地下水矿化度:依据县级矿化度图实际数据填写	双精度,5,1
耕地地力调查点点位图	内部标识码:系统内部 ID 号	长整型,9
	实体类型:point,polyline,polygon	文本型,8
	X 坐标:北京 54 坐标系	双精度,19,2
	Y 坐标:北京 54 坐标系	双精度,19,2
	点县内编号 AP310102:自定义编号	长整型,8
行政区基本情况数据表	县内行政码:SH110102:根据国家统计局统计上使用的县以下行政区划代码编制规则编制	长整型,6 字符串,6
	省名称:山东省	字符串,8
	县名称:××市,××区,××县	字符串,18
	乡名称:××乡,××镇,××街道	字符串,18
	村名称:××村,××委员会	字符串 20
	行政单位名称:××市,××区,××县,××乡,××镇,××街道,××村,××委员会	字符串 7
	总人口:无	字符串 7
	农业人口:无	字符串 7
	非农业人口:无	双精度,11,2
	国民生产总值 GNP:无	字符串,20
县级行政区划代码表	行政单位名称:××市,××区,××县,××乡××镇××街道××村××委员会	长整型,6
	县内行政码:SH110102:根据国家统计局统计上使用的县以下行政区划代码编制规则编制	长整型 9

续表

图　名	属性数据结构	字段类型
土地利用现状地块数据表	内部标识码:系统内部 ID 号	长整型 9
	地类号:国土资源部发布的《全国土地分类》三级类编码	字符串,3
	地类名称:国土资源部发布的《全国土地分类》三级类名称	字符串,20
	计算面积:无	双精度,7,2
	地类面积:无	双精度,7,2
	平差面积:无	双精度,7,2
	报告日期:无	日期型,10
土壤类型代码表	土壤国标码:土壤类型国标分类系统编码	字符串,8
	土壤国标名:土壤类型国标分类系统名称	字符串,20
耕地地力调查点基本情况及化验结果数据表	灌溉水源:县提供数据	字符串,10
	灌溉方法:县提供数据	字符串,18
	调查点国内统一编号:自定义编号	字符串,14
	调查点县内编号:自定义编号	字符串,8
	调查点自定义编号 AP310103:自定义编号	字符串,40
	调查点类型:耕地地力调查点	字符串,20
	户主联系电话:区号一本地电话号码	字符串,13
	调查人联系电话:区号一本地电话号码	字符串,13
耕地地力调查点基本情况及化验结果数据表	调查人姓名:××××	字符串,8
	调查日期:采集当天日期	日期型,10
	≥0℃积温:无	字符串,5
	≥10℃积温:无	字符串,5
	年降水量:县提供数据	字符串,4
	全年日照时数:无	字符串,4
	光能辐射总量:无	字符串,4
	无霜期:县提供数据	字符串,3
	干燥度 CW210107:无	双精度,4,2
	东经:县提供数据	双精度,9,5
	北纬:县提供数据	双精度,8,5
	坡度:地形坡度海拔:海拔高度	双精度,6,1
	坡向:缺少数据	双精度,4,1
	地形部位:数据引用自 NY/T309-1996《全国耕地类型区、耕地地力等级划分》和 NY/T310-1996《全国中低产田类型划分与改良技术规范》	字符串,4
	田面坡度:依据田面实际坡度	字符串,50
	灌溉保证率:无	双精度,4,1

续表

图　名	属性数据结构	字段类型
耕地地力调查点基本情况及化验结果数据表	排涝能力:无	字符串,3
	梯田类型:无	字符串,2
	梯田熟化年限:无	字符串,10
	保护块面积:无	字符串,3
	土壤侵蚀类型:无	双精度,7,2
	十壤侵蚀程度;无明显侵蚀,轻度侵蚀	字符串,8
	污染源企业名称:无	字符串,20
	污染源企业地址:无	字符串,50
	液体污染物排放量:无	字符串,50
	粉尘污染物排放量:无	双精度,6,1
	污染面积 LE220105:无	双精度,6,1
	污染物类型:无	双精度,9,2
	污染范围:无	字符串,20
	污染造成的损害:无	字符串,40
	距污染源距离:无	字符串,30
	污染物形态:无	字符串,5
	污染造成的经济损失:无	字符串,4
	省名称:山东省	字符串,9
	县名称:××市,××区,××县	字符串,8
	乡名称:××乡,××镇,××街道	字符串,18
	村名称,××村,××委员会	字符串,18
	户主姓名	字符串,8
	土壤类型代码(国标):根据县提供数据填写	字符串,8
	土类名称(县级):县提供数据	字符串,20

续表

图　名	属性数据结构	字段类型
耕地地力调查点基本情况及化验结果数据表	亚类名称(县级):县提供数据	字符串,20
	土属名称(县级):县提供数据	字符串,20
	土种名称(县级):县提供数据	字符串,20
	剖面构型:土层符号代码表、土层后缀符号代码表、剖面构型数据编码表是根	字符串,10
	据《中国土种志》整理	字符串,8
	质地构型:无	字符串,2
	耕层厚度:县提供数据	字符串,10
	障碍层类型:无	字符串,3
	障碍层出现位置:无	字符串,3
	障碍层厚度:无	字符串,30
	成土母质:数据引用于《土壤调查与制图》(第二版),农业出版社	字符串,6
	质地:中壤土,重壤土,砂壤土	双精度,4,2
	容重:县提供数据	字符串,2
	田间持水量:县提供数据	双精度,4,1
	pH:依据土壤化学分析 pH 耕地地力等级评价成果填写	双精度,4,1
	CEC:依据土壤化学分析 CEC 值耕地地力等级评价成果填写	双精度,5,1
	有机质:依据土壤化学分析有机质值耕地地力等级评价成果填写	双精度,6,3
	全氮:依据土壤化学分析全氮值耕地地力等级评价成果填写	字符串,5
	全磷:依据土壤化学分析全磷值耕地地力等级评价成果填写	双精度,5,1
	有效磷:依据土壤化学分析有效磷值耕地地力等级评价成果填写	字符串,4
	缓效钾:依据土壤化学分析缓效钾值耕地地力等级评价成果填写	字符串,3
	速效钾:依据土壤化学分析速效钾值耕地地力等级评价成果填写	双精度,5,2
	有效锌:依据土壤化学分析有效锌值耕地地力等级评价成果填写	双精度,4,2
	水溶态硼:依据土壤化学分析水溶态硼值耕地地力等级评价成果填写	双精度,6,2
	有效硅:依据土壤化学分析有效硅值耕地地力等级评价成果填写	双精度,4,2
	有效钼:依据土壤化学分析有效钼值耕地地力等级评价成果填写	双精度,5,2
	有效铜:依据土壤化学分析有效铜值耕地地力等级评价成果填写	双精度,5,1
	有效锰:依据土壤化学分析有效锰值耕地地力等级评价成果填写	双精度,6,1
	有效铁:依据土壤化学分析有效铁值耕地地力等级评价成果填写	双精度,6,1
	交换性钙:依据土壤化学分析交换性钙值耕地地力等级评价成果填写	双精度,5,1
	交换性镁:依据土壤化学分析交换性镁值耕地地力等级评价成果填写	双精度,5,1
	有效硫:依据土壤化学分析有效硫值耕地地力等级评价成果填写	双精度,5,1
	盐化类型:无	字符串,20
	1m 土层含盐量:无	双精度,5,1
	耕层土壤含盐量:无	双精度,5,1
	水解性氮:依据土壤化学分析水解性氮值耕地地力等级评价成果填写	双精度,5,3
	旱季地下水位:无	字符串,3
	采样深度:县提供数据	字符串,7

续表

图　名	属性数据结构	字段类型
	内部标识码:系统内部 ID 号	长整型,9
	实体类型:point,polyline,polygon	文本型,10
	实体长度:系统内部自带	长整型,10
	有机质:依据土壤化学分析有机质值耕地地力等级评价成果填写	双精度,5,1
耕层土壤全氮等值线图	内部标识码:系统内部 ID 号	长整型,9
	实体类型:point,polyline,polygon	文本型,10
	实体长度:系统内部自带	长整型,10
	全氮:依据土壤化学分析全氮值耕地地力等级评价成果填写	双精度,4,2
耕层土壤有效磷等值线图	内部标识码:系统内部 ID 号	长整型,9
	实体类型:point,polyline,polygon	文本型,10
	实体长度:系统内部自带	长整型,10
	有效磷:依据土壤化学分析有效磷值耕地地力等级评价成果填写	双精度,5,1
耕层土壤速效钾等值线图	内部标识码:系统内部 ID 号	长整型,9
	实体类型:point,polyline,polygon	文本型,10
	实体长度:系统内部自带	长整型,10
	速效钾:依据土壤化学分析速效钾值耕地地力等级评价成果填写	长整型,3
耕层土壤缓效钾等值线图	内部标识码:系统内部 ID 号	长整型,9
	实体类型:point,polyline,polygon	文本型,10
	实体长度:系统内部自带	长整型,10
	缓效钾:依据土壤化学分析缓效钾值耕地地力等级评价成果填写	长整型,4
耕层土壤有效锌等值线图	内部标识码:系统内部 ID 号	长整型,9
	实体类型:point,polyline,polygon	文本型,10
	实体长度:系统内部自带	长整型,10
	有效锌:依据土壤化学分析有效锌值耕地地力等级评价成果填写	双精度,5,2
耕层土壤有效钼等值线图	内部标识码:系统内部 ID 号	长整型,9
	实体类型:point,polyline,polygon	文本型,10
	实体长度:系统内部自带	长整型,10
	有效钼:依据土壤化学分析有效钼值耕地地力等级评价成果填写	双精度,4,2
耕层土壤有效铜等值线图	内部标识码:系统内部 ID 号	长整型,9
	实体类型:point,polyline,polygon	文本型,10
	实体长度:系统内部自带	长整型,10
	有效铜:依据土壤化学分析有效铜值耕地地力等级评价成果填写	双精度,5,2
耕层土壤有效硅等值线图	内部标识码:系统内部 ID 号	长整型,9
	实体类型:point,polyline,polygon	文本型,10
	实体长度:系统内部自带	长整型,10
	有效硅:依据土壤化学分析有效硅值耕地地力等级评价成果填写	双精度,6,2

续表

图名	属性数据结构	字段类型
耕层土壤有效锰等值线图	内部标识码:系统内部ID号	长整型,9
	实体类型:point,polyline,polygon	文本型,10
	实体长度:系统内部自带	长整型,10
	有效锰:依据土壤化学分析有效锰值耕地地力等级评价成果填写	双精度,5,1
耕层土壤有效铁等值线图	内部标识码:系统内部ID号	长整型,9
	内部标识码:系统内部ID号	文本型,10
	实体长度:系统内部自带	长整型,10
	有效铁:依据土壤化学分析有效铁值耕地地力等级评价成果填写	双精度,5,1
耕层土壤pH等值线图	内部标识码:系统内部ID号	长整型,9
	实体类型:point,polyline,polygon	文本型,10
	实体长度:系统内部自带	长整型,10
	pH:依据土壤化学分析pH耕地地力等级评价成果填写	双精度,4,1
耕层土壤交换性钙等值线图	内部标识码:系统内部ID号	长整型,9
	实体类型:point,polyline,polygon	文本型,10
	实体长度:系统内部自带	长整型,10
	交换性钙:依据土壤化学分析交换性钙值耕地地力等级评价成果填写	双精度,6,1
耕层土壤交换性镁等值线图	内部标识码:系统内部ID号	长整型,9
	实体类型:point,polyline,polygon	文本型,10
	实体长度:系统内部自带	长整型,10
	交换性镁:依据土壤化学分析交换性镁值耕地地力等级评价成果填写	双精度,5,1
耕层土壤有效硫等值线图	内部标识码:系统内部ID号	长整型,9
	实体类型:point,polyline,polygon	文本型,10
	实体长度:系统内部自带	长整型,10
	有效硫:依据土壤化学分析有效硫值耕地地力等级评价成果填写	双精度,5,1
耕层土壤水解性氮等值线图	内部标识码:系统内部ID号	长整型,9
	实体类型:point,polyline,polygon	文本型,10
	实体长度:系统内部自带	长整型,10
	水解性氮:依据土壤化学分析水解性氮值耕地地力等级评价成果填写	双精度,5,3

续表

图　名	属性数据结构	字段类型
耕地地力评价等级图	内部标识码:系统内部 ID 号	长整型,9
	实体类型:point,polyline,polygon	文本型,10
	实体面积:系统内部自带	双精度,19,2
	等级(县内):'120'	文本型,2
耕层土壤有效硼等值线图	内部标识码:系统内部 ID 号	长整型,9
	实体类型:point,polyline,polygon	文本型,10
	实体长度:系统内部自带	长整型,10
	有效硼:依据土壤化学分析有效硼值耕地地力等级评价成果填写	双精度,4,2
土壤全盐含量分布图	内部标识码:系统内部 ID 号	长整型,9
	实体类型:point,polyline,polygon	文本型,10
	实体长度:系统内部自带	长整型,10
	全盐:依据土壤化学分析全盐值耕地地力等级评价成果填写	双精度,4,1
耕层土壤有效镁等值线图	内部标识码:系统内部 ID 号	长整型,9
	实体类型:point,polyline,polygon	文本型,10
	实体长度:系统内部自带	长整型,10
	有效镁:依据土壤化学分析有效镁值耕地地力等级评价成果填写	长整型,2
耕层土壤有效钙等值线图	内部标识码:系统内部 ID 号	长整型,9
	实体类型:point,polyline,polygon	文本型,10
	实体长度:系统内部自带	长整型,10
	有效钙:依据土壤化学分析有效钙值耕地地力等级评价成果填写	长整型,2

第五节　建库工作方法

一、数据库质量控制

数据库质量涉及三个方面的工作:一要满足耕地地力评价工作的需要;二要满足耕地资源信息系统数据库建设的需要;三要满足建库所有成果图件输出的需要。为满足以上三个方面的要求,在数据库建设工作开展前,首先在有关国标、部标和行业标准的基础上,制定了统一的工作平台、工作方法和流程,成果图件图名、图例和色彩编制要求,成果质量检查工作方法。对耕地地力评价基础性图件首先在建库单位初步检查后,交项目县进行全面检查和修改补充错漏内容,返回建库单位对所有成果图件安排专人进行全面检查和修改,从而保证了数据库的成果质量。

二、建库工作有关规定

为保证建库工作按时及保质完成,成立了建库项目组。

建库项目组：设立技术负责一人，全面负责建库工作有关规程的学习、日常建库工作安排、工作进度、质量检查、建库数据库资料汇总、MAPGIS 格式建库成果经 ARCGIS 规范化处理、导入县域耕地资源信息系统等工作。

质量检查组：安排具有工作经验的人员成立检查组，负责所有建库资料的质量检查及修改工作。

制定建库工作标准：在建库工作前，首先把建库图形子图的大小、线的粗细及线型、面的色彩搭配、图件分层、工作方法和流程下发到每一个建库工作人员手中，统一建库图形扫描矢量化的技术要求。

最终成果检查：所有成果图待评审验收后，依据专家意见，由建库组和耕地地力评价组依据专家和甲方意见进行成果图和数据库的修改补充，最后输出成果图件导入县域耕地资源信息系统。

三、建库资料精度及建库工作流程

(一)建库资料精度

为保证建库资料的数学精度，首先形成大于东平县范围的 1：375000 标准图幅理论图框，拼接形成县域的 1：375000 理论图框，以 1：375000 标准分幅地形图为基础，在地形图和县域土地利用现状图上选择同名地物点（主要为农村道路交叉点等）为几何校正点，为保证县域图件的精度，东平县选择不少于 30 个几何校正点，每一个几何校正点选择地形图附近的 4 个公里网交叉点，将其校正到县域的理论图框上，形成满足 1：375000 精度要求的县域地理底图。以该图为基础，将所有建库成果图件校正到县域地理底图上。

(二)建库工作流程

第一步：首先按照建库工作的基本要求对土地利用现状、土壤、矿化度、灌溉分区、地貌、采样点位等图件进行扫描矢量化和几何校正处理、建库组错漏自查和交甲方进行错漏检查、返回建库组修改及编辑、拓扑检查、属性挂接处理等；第二步：将以上成果交耕地地力评价组进行耕地地力评价工作；第三步：耕地地力评价组将其评价成果资料再返回建库组，由建库组按照县域耕地资源信息系统数据库建设要求，对所有建库成果资料进行全面的质量检查及编辑处理、拓扑处理、属性挂接，最后由 MAPGIS—ARCGIS—县域耕地资源信息系统输出成果图件。

(三)主要空间数据库说明

1. 行政区划图(地理底图)

以土地利用现状图为背景，分别提取乡镇、村庄、主要工矿企业建设用地及主要道路、河流、境界、行政区划等内容。参考地图或 1：375000 地形图，对主要道路、双线河流等地物进行连接并加注地物注记。依据卫星影像等资料，对近年来增加的主要道路进行更新。

2. 土壤图

依据土壤调查研究报告、土壤志、山东省土壤分类归属标准，编制土种归属对比表和国标、省标、县三级对比表图例。在土壤图上保留土壤图原始代码，属性挂接为国标代码，可满足部、省、县各级政府工作的需要。

3. 地貌图

由于地貌图为微地貌图，为满足部、省、县各级政府使用及建库工作的需要，在地貌图中保留了原地貌代码，其属性尽量对应到数据字典中的名称及代码，在图例中增加了对比表，满足了各项工作的需要。

（四）属性库编制方法

严格按照建库数据字典中的要求及建库单位提供的资料编制各种成果图属性代码。

第六节　建库成果

东平县耕地资源信息系统数据库建设成果包括农业部规定格式的数据库和MAPGIS格式的成果，共计20幅图，如表7-3所示。

表7-3　东平县耕地资源信息系统数据库建设成果表

序　号	成果图名称	备　注
1	东平县土地利用现状图	
2	东平县地貌图	
3	东平县土壤图	
4	东平县坡度图	
5	东平县耕地地力调查点点位图	
6	东平县灌溉分区图	
7	东平县土壤 pH 分布图	
8	东平县耕地地力评价等级图	
9	东平县土壤碱解氮含量分布图	
10	东平县土壤全氮含量分布图	
11	东平县土壤速效钾含量分布图	
12	东平县土壤有机质含量分布图	
13	东平县土壤有效磷含量分布图	
14	东平县土壤有效硫含量分布图	
15	东平县土壤有效锰含量分布图	
16	东平县土壤有效钼含量分布图	
17	东平县土壤有效硼含量分布图	
18	东平县土壤有效铁含量分布图	
19	东平县土壤有效铜含量分布图	
20	东平县土壤有效锌含量分布图	

东平县耕地资源管理信息系统数据库建设包括空间数据库和属性数据库两部分内容。空间数据库全部是按照县域耕地资源管理信息系统数据字典要求进行的。属性数据库由于部分资料难以收集到(如土地平差面积等),属性数据仅按照县域耕地资源管理信息系统数据字典要求编制了部分内容。例如耕地地力评价土壤采样点位图,利用 GPS 坐标展绘到地理底图上点与实际点位误差较大,达不到精度要求,所以耕地地力评价土壤调查采样点位图是依据野外采样点位图经扫描矢量化后形成的,属性挂接为 GPS 定点的坐标。

第三篇　耕地改良与利用

第八章　耕地资源合理利用与改良

自 1979～1985 年的第二次全国土壤普查以来，随着农村经营体制、耕作制度、作物品种、种植结构、产量水平和肥料使用等方面的显著变化，耕地利用状况也发生了明显改变。近年来，虽然对部分耕地实施了地力监测，但至今对区域内中低产耕地及其障碍因素等缺乏系统性、实用性的调查分析，使耕地利用与改良难于适应新形势下农业发展的要求。因此，开展区域耕地地力调查评价，摸清区域内耕地状况及其障碍因素，有的放矢地开展中低产耕地的科学改良利用，对于全县耕地资源的可持续利用具有十分重要的意义。

第一节　耕地资源特征

全县耕地利用状况总体表现出南部较好、北部较差的局面。受客观原因的影响，南部平原地区由于地下水位浅，灌溉能力高，配套设施较完善，农业生产成本相对较低。北部处于丘陵山区，耕地自然条件参差不齐，地下水位深，旱田面积所占比例较大，灌溉能力差，配套设施不完善，生产条件、产量水平、复种指数与南部有很大差别。主要集中在旧县、老湖、接山、梯门、大羊、东平镇等乡镇的丘陵区，是全县中低产田改造的重点区域。

全县耕地有 68471hm^2，有 12 个土属，适于发展农业的优质土属有洪积褐土、洪积、洪冲积潮褐土、褐土化潮土、石灰性褐潮土、潮土等优质类型。15 种土体构型中，适于发展农业的优质构型有轻壤均质、中壤均质、轻壤表厚黏腰等，构型好的土体占很大部分。从耕层质地上看，耕性较好的轻壤土和保水、保肥性较好的中壤表土占全县耕地的 70%，说明耕层土壤生产性能大部分是好的，对发展农业有利。大清河南平原地下水丰富，水质较好，埋藏浅，发展灌溉有利。大清河北水源较缺，但各区都有类型不同的富水岩组，可解决部分灌溉问题。全县土地分 6 个等级，一级地、二级地为理想的农业用地，三级地也可作为耕地，说明大部分耕地质量较好。

第二节 耕地改良利用分区研究

一、耕地改良利用分区原则与分区系统

耕地改良利用区划的基本原则:从耕地自然条件出发,主导性、综合性、实用性和可操作性相结合,按照因地制宜、因土适用、合理利用来配置耕地资源,充分发挥各类耕地的生产潜力,坚持用地与养地相结合、近期与长远相结合的原则进行。以土壤组合类型、肥力水平、改良方向和主要改良措施的一致性为主要依据。同时,考虑地貌、气候、水文和生态等条件以及植被类型,参照历史与现状等因素综合考虑进行分区。

耕地改良利用分区系统:根据耕地改良利用原则,将影响耕地利用的各类限制性因素归纳为耕地自然环境要素、耕地土壤养分要素和耕地土壤物理要素,将全县耕地改良利用划分为三个改良利用类型区,即:耕地自然环境条件改良利用区、耕地土壤培肥改良利用区、耕地土体整治改良利用区,并分别用大写字母E、N和P表示。各改良利用类型区内,再根据相应的限制性主导因子,续分为相应的具体改良利用亚类。

二、耕地改良利用分区方法

(一)耕地改良利用分区因子的确定

耕地改良利用分区因子是指参与评定改良利用分区类型的耕地诸属性。由于影响的因素很多,根据耕地地力评价,遵循主导因素原则、差异性原则、稳定性原则、敏感性原则,进行了限制主导因素的选取。考虑与耕地地力评价中评价因素的一致性,且考虑各土壤养分的丰缺状况及其相关要素的变异情况,选取耕地土壤有机质含量、耕地土壤有效磷含量、耕地土壤速效钾含量、耕地土壤有效锌含量和耕地土壤有效硼含量等因素作为耕地土壤养分状况的限制性主导因子;选取灌溉保证率、坡度和有效土层厚度作为耕地自然环境状况的限制性主导因子;选取耕层质地条件和土体构型条件等作为耕地土壤物理状况的限制性主导因子。

(二)耕地改良利用分区标准

依据农业部《全国中低产田类型划分与改良技术规范》,根据山东省各县区耕地地力评价资料,综合分析目前全省各耕地改良利用因素的现状水平,同时针对影响东平县耕地利用水平的主要因素,邀请有土壤管理经验的相关专家进行分析,制定了耕地改良利用各主导因子的分区及其耕地改良利用类型的确定标准。具体分级标准如表8-1所示。

表 8-1　　耕地改良利用主导因子分区标准

耕地改良利用区划	限制因子	代　号	分区标准
耕地土壤培肥改良利用区(N)	有机质(o,g/kg)	No	<12
	有效磷(p,mg/kg)	Np	<15
	速效钾(k,mg/kg)	Nk	<100
	有效锌(zn,mg/kg)	Nzn	<0.5
	有效硼(b,mg/kg)	Nb	<0.5
耕地自然环境条件改良利用区(E)	灌溉保证(i,%)	Ei	灌溉保障率低于50%
	坡度(s,度)	Es	>15°
	有效土层(d,cm)	Ed	<60cm
耕地土体整治改良利用区(P)	耕层质地(t)	Pt	砂土、砂壤、粗骨土
	土体构型(c)	Pc	土体中有障碍层次

(三)耕地改良利用分区方法

在 GIS 支持下,利用耕地地力评价单元图,根据耕地改良利用各主导因子分区标准,在其相应的属性库中进行检索分析,确定各单元相应的耕地改良利用类型,通过图面编辑生成耕地改良利用分区图,并统计各类型面积比例。

三、耕地改良利用分区专题图的生成

(一)耕地土壤培肥改良利用分区图的生成

根据耕地土壤养分限制因素分区标准,把东平县耕地有机质分为两类,即有机质改良利用区和有机质非改良利用区,有机质改良利用区以代号 No 标注;同样,有效磷改良利用区用代号 Np 标注,速效钾改良利用区用代号 Nk 标注,有效锌改良利用区用符号 Nzn 标注,有效硼改良利用区用代号 Nb 表示。编辑生成耕地土壤培肥改良利用分区图(见图 8-1)。

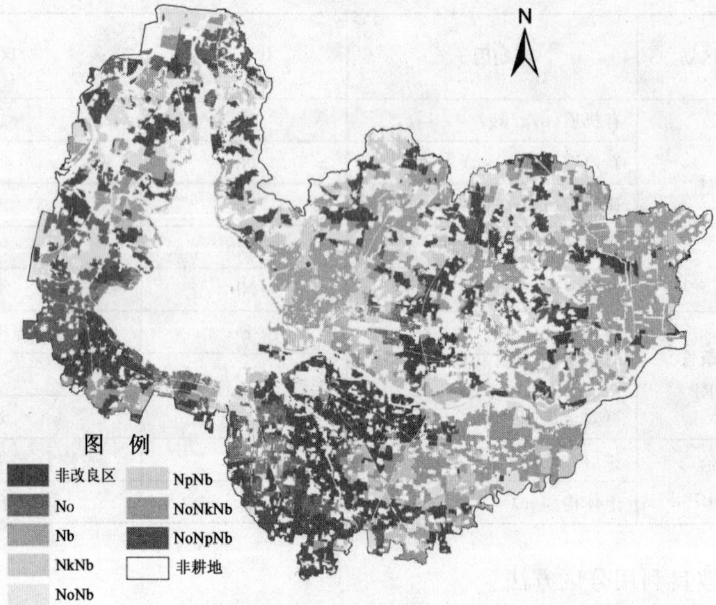

图 8-1 耕地土壤培肥改良利用分区图

（二）耕地自然环境条件改良利用分区图的生成

根据耕地自然环境条件限制因素分区标准进行东平县耕地改良利用分区。灌溉保证条件分为灌溉保证条件改良利用区和灌溉保证条件非改良利用区，改良利用区用代号 Ei 标注；坡度大小分为坡度改良利用区和非改良利用区，坡度改良利用区以代号 Es 标注；有效土层厚度分为有效土层改良利用区和非改良利用区，有效土层改良利用区以代号 Ed。标注结果如图 8-2 所示。

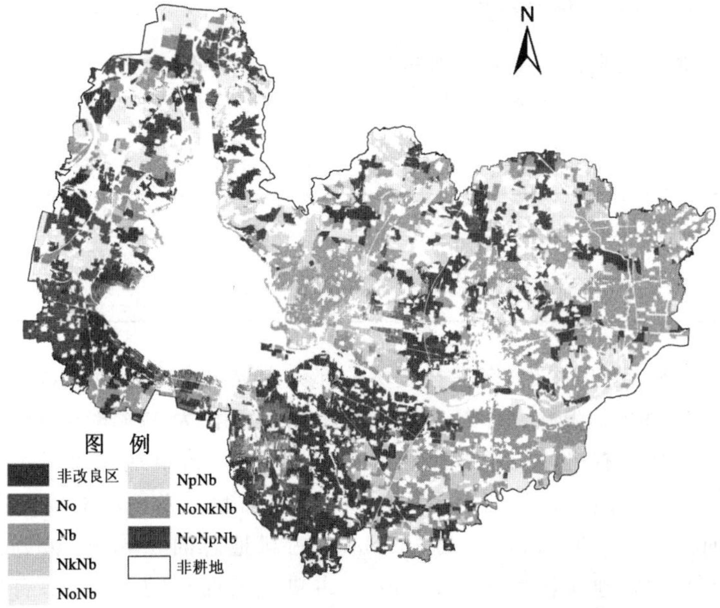

图 8-2　耕地自然环境条件改良利用分区图

(三)耕地土体整治改良利用分区图的生成

根据耕地土地条件限制因素分区标准,耕地耕层质地条件改良利用区用符号 Pt 标注,耕地土体构型改良利用区用符号 Pc 标注。在 GIS 下检索生成耕地土体整治改良利用分区图(见图 8-3)。

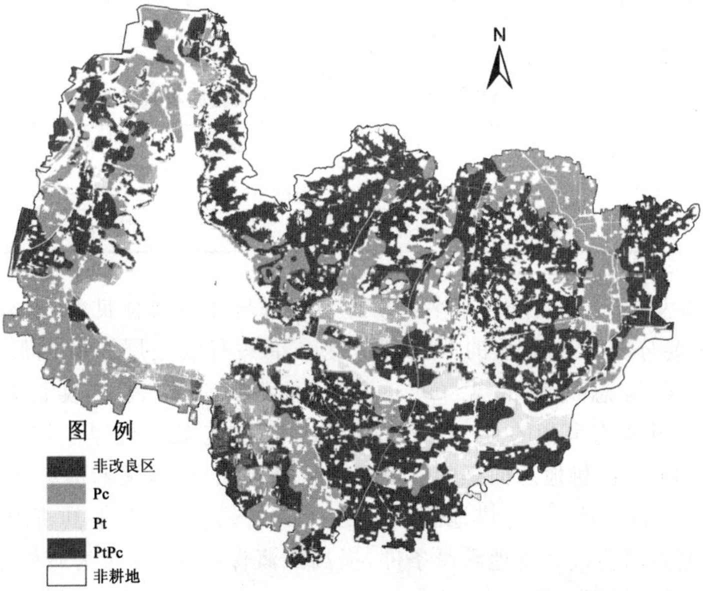

图 8-3　耕地土体整治改良利用分区图

四、耕地改良利用分区结果分析

(一)耕地土壤培肥改良利用分区面积统计及问题分析

东平县耕地土壤培肥改良利用分区各改良利用类型面积及其比例如表 8-2 所示。

表 8-2 东平县耕地土壤培肥改良利用分区面积统计表

改良利用分区	Nb	No	NkNb	NoNb	NpNb	NoNkNb	NoNpNb	非改良区
面积(hm^2)	17913.93	6090.46	3842.63	8193.94	4997.48	5210.57	5299.94	17192.15
百分比(%)	26.06	8.86	5.59	11.92	7.27	7.58	7.71	25.01

由图 8-1 和表 8-2 可以看出,东平县土壤的部分主要养分含量较低,需要改良的耕地占耕地总面积的 74.99%,其中单一缺少有效硼的耕地面积为 17913.93hm^2,占耕地总面积的26.26%;单一缺少有机质的耕地面积为 6090.46hm^2,占耕地总面积的 8.86%;速效钾和有效硼含量同时不足的耕地面积为 3842.63hm^2,占耕地总面积的 5.59%;有机质和有效硼含量同时不足的耕地面积为 8193.94hm^2,占耕地总面积的 11.92%;有效磷和有效硼含量同时不足的耕地面积为 4997.48hm^2,占耕地总面积的 7.27%;有机质、速效钾和有效硼含量同时不足的耕地面积为 5210.57hm^2,占耕地总面积的 7.58%;有机质、有效磷和有效硼含量同时不足的耕地面积为 5299.94hm^2,占耕地总面积的 7.71%。非改良区耕地面积为 17192.15hm^2,占耕地总面积的 25.01%。从各类型面积比例看出,东平县耕地土壤培肥改良的主要方向为增施有机肥料和微肥(有效硼),同时应注重钾肥和磷肥的施用,逐步提高土壤各种养分元素的含量。

(二)耕地自然环境条件改良利用分区面积统计及问题分析

东平县耕地自然环境条件改良利用分区各改良利用类型面积及其比例如表 8-3 所示。

表 8-3 东平县耕地自然环境条件改良利用分区面积统计表

改良利用分区	Ed	Ei	EiEd	EiEsEd	非改良区
面积(hm^2)	749.28	11981.57	2034.74	254.34	53721.16
百分比(%)	1.09	17.43	2.96	0.37	78.15

由图 8-2 和表 8-3 可以看出,东平县耕地自然环境条件总体良好,仅有 21.85%的耕地需要改良,主要分布在东平县的东北部地区。单一有效土层厚度偏低的耕地面积为 749.28hm^2,占耕地总面积的 1.09%;单一灌溉保证率需要改良的耕地面积为 11981.57hm^2,占耕地总面积的 17.43%;灌溉保证率和有效土层厚度均需要改良的耕地面积为 2034.74hm^2,占耕地总面积的 2.96%;灌溉保证率、坡度和有效土层厚度均需改良的耕地面积为 254.34hm^2,占耕地总面积的 0.37%。可见,东平县耕地自然环境条件改良利用的主要方向为改善耕地灌溉条件,提高灌溉保障率,其次为有效增加土层厚度,防止水土流失,保护耕层土壤。

(三)耕地土体整治改良利用分区面积统计及问题分析

东平县耕地土体整治改良利用分区各改良利用类型面积及其比例如表8-4所示。

表8-4　　东平县耕地土体整治改良利用分区面积统计表

改良利用分区	Pc	Pt	PtPc	非改良区
面积(hm^2)	25537.31	2770.27	4969.98	35463.53
百分比(%)	37.15	4.03	7.23	51.59

由图8-3和表8-4可以看出,东平县耕地土体条件中需改良的耕地面积为33277.56hm^2,占耕地总面积的48.41%,主要分布在东平县的西部和东北部,其中单一不良土体构型需改良的耕地面积为25537.31hm^2,占耕地总面积的37.15%;单一耕层质地需改良的耕地面积为2770.27hm^2,占耕地总面积的4.03%;土体构型和耕层质地均需改良的耕地面积为4969.98hm^2,占耕地总面积的7.23%。宜采取秸秆还田、增施有机肥料、深耕等措施,改善土壤表层质地和不良的土体结构,这是东平县耕地土体整治改良的主要方向。

第三节　耕地改良利用对策及措施

一、增加经济投入,加大耕地保护力度,实现分区域治理

农业是既有自然风险又有市场风险的弱质产业,保护农业是国民经济发展中面临的重大问题。由于调控体制不健全,受比较利益驱使,各层次资金投入重点向非农业倾斜,资金投入不足已成为农业生产发展的主要制约因素。要达到农业增产的途径就要增加耕地投入,加强中低产田改造,不断提高耕地的质量,从而提高耕地利用的经济效益。东平县宜进一步加强对耕地改良利用的投入,通过对耕地的改良逐步消除制约耕地生产力的限制因素,培肥地力,改善农业生产条件和农田生态环境。

2009年,国土资源部与农业部联合出台了国土资发[2009]167号文件,提出了划定基本农田实行永久保护的通知,其中涉及建立保护补偿机制,加强耕地质量建设,并对耕地质量进行定期监测。通过对全县地力评价分析,划分了东平县土地利用改良分区,从土壤培肥、自然环境条件、土体整治三个方面进行了分析,为有针对性地提出耕地改良利用对策及措施奠定了基础。东平县土壤改良的重点是北部丘陵山区、沿东平湖周围常年涝洼地以及中间过渡地带的部分中低产田的改造。其核心是要积极争取各方面资金,加大经济投入,实行综合治理措施。近几年来,东平县农业局在接山乡、大羊乡实施了标准粮田建设中低产田改造项目,在沙河站、新湖、接山实施了现代农业粮食产业项目,在湖西部分乡镇实施了涝洼地改造项目,均大幅提升了当地农业生产水平,地力条件明显得到了改善。在今后较长的时间内,东平县耕地保护利用工作突出三个重点:一是接山东北部、大羊乡东部、梯门北部、旧县乡东部的山区,主要是以提高灌溉能力为突破,结合土地平整工程进行综合治理;二是在沿湖周围、东平镇稻屯洼的涝洼地治理,可以通过利用台田治理

实现“上粮下鱼”或者引进旱稻栽培技术提高种植效益；三是大清河北、东平湖西部乡镇中低产田区，以地力培肥、改善灌溉条件和耕作条件为主的综合治理区。总的思路是要集约社会资源，加大经济投入力度，结合不同的土壤环境与条件，因地制宜地采用不同治理措施来逐步改善农业生产环境与条件。

二、平衡施肥，用养结合，增施有机肥料，培肥地力

长期以来，在耕地开发利用上重利用，轻培肥，重化肥，轻有机肥，虽然全县化肥的施用量逐年增加，但有机肥投入量却逐年减少，且投入的化肥以氮、磷肥为主，引起土壤养分，特别是有机质、速效钾和微量元素含量的下降和矿质养分的失衡，导致耕地肥力下降。开展测土配方施肥项目后，对全县土壤养分状况有了一个较清晰的了解，总的情况是：全县普遍缺氮，北部少磷，南部缺钾，微肥缺硼。有效硼需要培肥的耕地面积为 45458.48hm^2，占全县耕地总面积的66.13%，有机质需要培肥的耕地面积为 24794.91hm^2，占耕地总面积的36.07%。彭集镇速效钾平均含量为 84 mg/kg，全县最低，其次是沙河站、州城镇。因此，首先要弄明白不同土壤类型特点和不同的肥力状况，制定切实可行的农业生产措施和改良方案，注重持续提高中低产耕地的基础地力，在创造农作物可持续增产上下工夫，必须将用土与养土妥善结合起来，广辟有机肥源，重视有机肥的施用，提倡冬种绿肥和使用有机—无机复混肥。同时，应利用中低产耕地调查评价成果，科学指导化肥的调配，采用科学优化平衡施肥，重视有机肥，合理增施硼肥，不断培肥地力，实现中低产耕地资源的持续利用。

三、加强水利建设，改善灌溉条件，注重农田基本设施建设

水是作物生长的必要条件，灌排条件与耕地的基础地力有着密切的关系。因而可以通过采取以下措施，实现自然降水的空间聚集，改善区域农田的土壤水分状况，推广节水灌溉技术，改善和扩大灌溉面积。东平县地理位置特殊，形成了山区、平原、湖泊不同的地貌，导致东北部易旱，西南部易涝。改善灌溉条件，注重农田基本设施建设显得更为重要。

(1)健全灌溉工程，改善灌区输水、配水设备，加强灌溉作业管理，改进地面灌溉技术，采用增产、增值的节水灌溉方法和灌溉技术。治理重点在东平北部地区，干旱是主要矛盾，仍然存在无灌溉条件和灌溉条件极差，水源条件差，机井密度小，灌溉成本高的现状，应加强水利建设，修筑田埂，防止水土冲刷，安排好水利规划，修好水渠，制止渗漏，加强管理，提高引灌水的利用率。

(2)发挥河流湖泊水与井水的相互补充作用，将集纳雨水、拦截径流和蓄水有效结合起来，在作物需水的关键时期进行灌溉，解决作物的需求和降水错位的矛盾，以充分发挥水分的增产效果。

(3)湖区涝洼地的改造重点是加强排灌能力建设，特别是新湖、商老庄乡及东平镇稻屯洼在汛期容易形成内涝。一是加强排灌站建设，提高排水能力，二是疏通排水沟与河道、湖泊的连接，形成畅通的排水网络。

(4)改善土壤结构，增加土壤的蓄水能力，通过对土壤增施有机物料(如施用有机肥、秸秆还田等)和应用土壤改良剂，改良土壤结构，增强土壤结构的稳定性，提高土壤对降水的入渗速率和持水量。

四、采用农业措施改良土壤质地、改善土体结构

东平县耕地土壤限制性因素主要为土壤中存在较多的不良土体构型以及少部分砾石等不良土壤质地，要从调整土地利用结构和建设基本农田起步，改单一经营为农、林、牧、副全面发展，因地制宜，全面规划，综合治理，连续治理，实行生物措施与工程措施相结合、坡地治理与沟道治理相结合、田间工程和蓄水保土耕作相结合，增施有机肥，采取深耕等措施改良不良土体构型。具体措施为：

(1)工程土壤改良，运用平整土地、兴修梯田、引洪漫淤等工程措施改良土壤条件。

(2)生物土壤改良，用各种生物途径种植绿肥、增加土壤有机质以提高土壤肥力，或营造防护林等。

(3)耕作土壤改良，改进耕作方法，改良土壤条件。

(4)化学土壤改良，如施用化肥和各种土壤改良剂等提高土壤肥力、改善土壤结构。

(5)种植模式改良，在不宜种粮的粗骨土上，因地制宜地大力发展林果业、药土特产；在土层较厚的地方，可以发展果粮间作，以尽快提高经济效益；在交通不便的山区选种核桃、板栗等；在土层薄、水土流失重的地方，应选种草、养畜，发展牧业生产；在涝洼地、发展旱稻种植。

五、集约化利用耕地资源，发展生态型可持续农业，促进产业升级

耕地生态环境质量的高低是保证农作物持续稳产、高产、优产、高效的重要前提。根据东平县资源优势以及生态环境的特点，因地制宜地利用耕地资源，通过合理轮作、科学间套种等措施，增加复种指数，努力提高耕地资源的利用率；注重多物种、多层次、多时序、多级质能、多种产业的有机结合，农、林、牧、副、渔并举，建立生态型可持续农业系统，达到经济、生态和社会效益的高度统一。

积极做好全县农业产业结构调整专业评估工作，作出长期的科学规划，通过行政引导、市场运作方式来调整农业产业的结构布局，以达到更加高效、节约、环保的目的。

一是通过土地流转实现集约经营，扩大规模效益。认真贯彻落实《土地承包法》，按照农民自愿的原则，引导农民合理流转土地，实行土地规模经营，大力发展种养专业村、专业大户，促进"一村一品"、"一乡一业"规模产业化发展。

二是以传统产业升级、新兴特色产业扩大规模为主要任务，采取典型引路、示范带动、效益拉动和政策扶持、科技培训、标准规范、市场销售等具体措施，加快农业结构调整步伐，扩大农业产业化基地建设。

三是结合各乡镇实际，充分发挥地理优势、区位优势、资源优势，着力发展蔬菜、花生、棉花、食用菌、麻鸭、核桃、小尾寒羊、蚕桑等主导产品和主导产业。

四是大力发展农业专业合作社，通过"大户入合作社、合作社带能人、能人建基地、基地连企业"的模式，发展农民专业合作社，为合作社做好政策咨询、信息搜集和发布等方面的服务；以培育龙头企业作为延长产业链、促农增收的重要环节，培优、培强农业龙头企业，走"龙头＋基地＋农户"的产业化经营路子，实现农业结构优质化、生产基地标准化、农业经营产业化，促进农业增产、企业增效和农民增收，加快东平县现代农业发展步伐。

第九章　生态农业建设与规划

长期以来,人为耕作活动对农田土壤结构以及供肥保水性能造成了一定损害,土壤耕层变浅、表土板结、酸化加重等现象较为普遍。化肥、农药等化学物质的大量应用,使农田面源污染加剧,已成为制约农业可持续发展的重要因素。根据东平县自然资源条件,利用测土配方施肥项目调查数据及耕地地力调查与质量评价成果,对发展生态农业、改善土壤环境进行了初步研究,提出了初步设想和发展规划,以供参考。

第一节　建设目标

一、生态农业建设意义

东平湖承担着为黄河分洪调水及保护黄河下游城市、油田、铁路和人民财产安全的重任,国家实施南水北调东线工程后,东平湖又成为南水北调枢纽和水资源供应后备库。搞好环境保护,开展生态农业建设,减少面源污染,建立无污染、无公害绿色食品生产基地和水产畜牧养殖基地,形成以提高农产品质量和水质为目的的良性生态环境,对于改善人民生产、生活条件,确保北方供水安全,具有十分重要的意义。

围绕建设环境资源型社会,全县各级都把改善生态环境作为促进县域经济发展、改善城乡居民生产、生活条件的重要措施,形成了齐心协力争创生态农业县的强大氛围。县境内工业"三废"得到有效控制和治理,新建了一处大型生活污水处理厂。为加强因使用农药、化肥等对农田的面源污染治理,先后实施了东平湖植被恢复研究与开发、配方施肥、秸秆还田、农村沼气池建设等项目,取得了明显成效,为生态农业建设奠定了良好基础。

二、指导思想和基本原则

指导思想:坚持科学发展观,围绕建设社会主义新农村这一目标,配合南水北调东线流域环境治理,采取有效措施,加快先进技术的推广和普及,控制和削减农业面源污染,保护与改善生态环境,提高农产品质量安全水平,改善群众生产、生活方式,提高生活质量和健康水平,促进人与社会、自然和谐发展。

基本原则:坚持可持续发展原则。把合理利用自然资源与发展农村经济、改善农业生态环境紧密结合起来,实现自然资源的高效、持续利用,增强农业发展后劲。坚持整体性原则。统筹兼顾,农、林、牧、渔、种、养、加工等各业协调发展,建立循环型经济环境。坚持综合性原则。综合运用系统工程,把现代农业科技与传统农业特色相结合,生物工程与农业措施相结合，提高综合生产能力。坚持科技领先原则。加大科技投入，推进技术创新，坚持高起点、高标准、高效益，引进示范推广新模式、新技术，提高各个项目的科技含量。坚持多样性原则。充分发挥资源优势，因地制宜，合理确定生态农业保护和建设模式。

三、总体思路和建设目标

全县境内化工企业少，基本没有工业"三废"污染，农业环境面源污染的主要因素有三项：一是农田化肥、农药等物资的不当使用；二是人畜粪便的流失；三是农作物秸秆的随意焚烧和堆放。这是今后一个时期全县生态农业建设和治理的重点。针对这一实际，确定生态农业建设的总体思路：建设 5 个生态农业区，实施 3 项重点工程，达到 1 个总体目标。即建立湿地生态保护区、渔粮（桑）生态农业示范区、无公害大蒜标准化生产区、绿色花生标准化生产区、优质专用小麦和玉米标准化生产区；实施农田"两减三保"、农作物秸秆综合利用、农村沼气池建设等三项重点工程；通过综合治理，使全县农业面源污染基本得到控制，生态环境明显改善，资源充分利用，生产节本增效，农产品质量安全可靠，基本实现生态农业县目标。具体建设指标为：到 2015 年农田化肥使用强度保持在 2009 年的 40kg/667m^2 水平，农田有机质含量平均值达到 14g/kg 以上；化学农药使用量，与 2009 年相比，减少 40%；秸秆综合利用率达到 90%；人畜粪便无害化处理和利用率达到 95%；无公害农产品生产基地面积发展到 700000(667m^2)，其中绿色食品基地面积为 200000(667m^2)。

第二节　规划布局及生态模式

根据东平县生产现状及地形、地貌、自然、气候条件等因素，坚持经济效益与生态效益相统一，在全县选择建设 5 个生态农业区域。

一、湿地生态保护区

该区主要包括稻屯洼、金山洼、腊山洼及小清河入湖口湿地，面积为 100000(667m^2)，是保护和净化东平湖水资源环境的重要屏障。生态农业建设的主攻方向：以保护现有的自然生态系统为主，加强天然草木植被、野生鸟类的保护，禁止开荒种地，实行围栏、封育和轮牧，加强蝗虫及鼠害防治，防止不合理开发。

二、渔粮（桑）生态农业示范区

近年来，湖区人民在各级大力支持下，对涝洼地进行了综合治理和改造，形成的池塘和台田面积为 140000(667m^2)，主要分布于新湖、商老庄、戴庙、州城等乡镇。目前区内台田多种植小麦、玉米、大豆等，部分台面植桑养蚕；池塘多养鲤鱼、草鱼、毛蟹、甲鱼、鲂鱼、乌鲤等。生态农业建设的主攻方向：大力推广上粮下鱼、上桑下鱼等生态模式，利用塘泥积造土杂肥，逐步减少化肥用量，严格控制农药使用，开展生物防治病虫害。

三、无公害大蒜标准化生产区

近年来，在斑鸠店镇大蒜批发市场的带动下，斑鸠店镇、银山镇、戴庙乡、旧县乡等乡镇种植大蒜100000(667m^2)。该区域适宜大蒜生长,所产大蒜个大、肉厚、质优,国内闻名。斑鸠店镇已注册"斑鸠店"牌商标,并获得了国家级无公害认证。生态农业建设的主攻方向:严格按照农业标准化示范区管理,实行定点监测,通过增施有机肥、配方施肥、开展生物防治、控制农药用量等措施,使无公害大蒜基地升级为绿色生产基地。

四、绿色花生标准化生产区

该区主要分布在彭集、沙河站、州城等乡镇。彭集镇有花生专业批发市场1处,为山东省定点市场,全县有较大型花生油加工企业2家,花生脱壳加工专业户3000多家,年加工外销花生1.6万吨。彭集镇、沙河站镇以山东省光大日月油脂有限公司为龙头,建立了80000(667m^2)绿色花生生产基地。生态农业建设的主攻方向:进一步加强基地管理体系建设,建立农产品监测体系和农业投入品专供体系,加强对农民群众无公害生产技术的培训教育,严格按照操作规程要求使用化肥,增施有机肥,严格控制使用农药,推行生物防治。

五、优质专用小麦、玉米标准化生产区

该区包括清河两岸及北部山区的州城、彭集、新湖、东平镇、大羊、接山、梯门等乡镇,面积约为600000(667m^2)。生态农业建设的主攻方向:结合实施国家优质良种推广补贴项目,发展优质专用小麦600000(667m^2)、优质专用玉米400000(667m^2),使小麦、玉米优质专用品种分别集中在3～5个,优质专用小麦商品率达到60%以上,优质专用玉米订单生产达到100%。通过增施有机肥、配方施肥、秸秆还田、病虫害综合防治等技术,减少农田污染,提高小麦、玉米品质,逐步达到无公害生产标准,实现国家级无公害认证。

第三节 优先建设的重点项目

一、农田"两减三保"示范工程

在每个乡镇选择两个村作为核心示范试验区,每个试验区规模为1000(667m^2),按高标准建设,建成"两减三保"的示范典型区,设置明显的示范标志,扩大宣传和展示效果。

大力推广测土配方施肥。每个乡镇依据土地面积及类型不同,按照不同作物布局,分别采集土样,检测其土壤有机质、氮、磷、钾等养分含量。建立耕地质量数据库,完善测土配方施肥指标体系。逐步扩大测土配方施肥面积,到2015年全县90%以上的农田实行测土配方施肥。大力开展积造土杂肥活动,有机肥的亩均施用量年均增加200kg。

大力推广生物防治、物理防治等综合防治病虫害技术,降低农药使用量,严格控制高毒、高残留农药使用,提高农产品品质和产量。大力推广使用杀虫灯、性诱剂等物理防治方式,推广使用BT、菌毒清等生物农药,到2015年生物防治及物理防治病虫害面积达到600000(667m^2)。

二、农作物秸秆综合利用工程

全县年产秸秆90多万吨,具有丰富的秸秆资源。大力推广秸秆还田,搞好秸秆综合

利用，不断提高秸秆综合利用率，对于改良土壤、改善农田生态环境具有十分重要的意义。重点抓好以下几项重点工作：

一是以省级重点农业龙头企业——山东雪菱集团公司为载体，与中科院过程研究所联合，利用“秸秆发酵专利技术”，建设“秸秆发酵生产燃料乙醇综合利用项目”。加工转化秸秆 3 万吨，生产燃料乙醇 3000 吨，节约粮食 1.2 万吨，到 2015 年加工转化秸秆 6 万吨。

二是大力推广秸秆直接还田技术。要紧紧抓住国家对农机扶持的政策机遇，鼓励农民购置收割机械，加大农业还田机械拥有量，不断增加秸秆直接还田面积，到 2015 年小麦秸秆直接还田达到 100%，玉米秸秆直接还田达到 80%。

三是大力发展畜牧养殖业。充分发挥本县鲁西黄牛、小尾寒羊基地的优势，扩大养殖规模。不断改善饲料配比结构，大力推广秸秆氨化青储、秸秆加工生产畜禽颗粒饲料技术，搞好秸秆过腹还田。

通过各项秸秆综合利用技术的推广应用，到 2015 年使全县的秸秆综合利用率达到 90%，把因秸秆过剩造成的生态环境污染降到最低。

三、农村沼气建设工程

全县每年可产生人畜粪便近 90 万吨，为发展农村沼气业及实施有机农业提供了充足的原料来源。农户庭院及养殖场多数没有粪便处理设施，雨水冲失严重，既造成资源浪费，又形成环境污染。因此，要把实施农村沼气工程作为治理农村生产环境的重要措施，改善农村居住环境，建设生态家园。

一是分别在州城镇、沙河站镇、彭集镇、接山乡、梯门乡等规模饲养场较多的地区，建设中型沼气池 300 个，进行养殖场净化生态工程建设。

二是围绕社会主义新农村建设，在完成村庄新一轮规划建设及村村通公路、通自来水的基础上，结合农村“三改”，开展生态文明村建设。大力推广猪（鸡）—厕—沼—粮、猪（鸡）—厕—沼—菜等三位一体或四位一体模式，由单纯的建沼气池向“一池三改”、“生态家园”方向发展，实现资源高效利用化、家居环境清洁化、农业生产无害化、经济效益最大化。在州城镇、彭集镇选择部分先进村，先期进行整建制村工程建设，搞好样板，扩大示范区域及户数。村成立专门服务组织，配备农民技术员，采用专业队伍统一施工，实行有偿服务，确保所建沼气池持续利用。通过示范带动，到 2015 年，全县新建小型沼气池将达到 8000 个。

三是修复改造原有旧池。20 世纪八九十年代所建沼气池因漏水跑气、出料难等问题利用率不高，部分停用，对这些“问题池”分别采用科学改造进出料管口、涂刷新型密封材料、重新布置输气管网、装配先进器材等技术，使其恢复利用。

四是搞好“三沼”综合利用。在搞好沼气能源建设的基础上，充分利用好沼液、沼渣资源，大力推广沼液喂猪、沼液叶面喷肥、沼渣施肥等技术。

第十章　发展粮食生产

粮食始终是经济发展、社会稳定和国家自立的基础。从长期趋势看，我国耕地减少、水资源短缺的问题不可避免，粮食增产的难度越来越大，随着人口的刚性增长和人民生活水平的提高，保持粮食长期供求平衡的任务十分艰巨。东平县是全国粮食生产大县之一，合理利用耕地资源，发掘粮食增产潜力，促进粮食持续稳定增产，对于增加农民收入、确保粮食安全具有重要意义。

第一节　生产现状

一、粮食生产现状

东平县总耕地面积为 $6.487\times10^4 hm^2$，水浇地面积为 $5.16\times10^4 hm^2$，旱地面积为 $1.64\times10^4 hm^2$，水利有效灌溉面积为 $4.973\times10^4 hm^2$，抗旱灌溉面积比率为 72.77%。

经过统计，东平县土地农业利用率为 50.98%，人均土地面积为 $0.171\ hm^2$，复种指数为 197.8%。

2009 年年末，全县拥有农业机械总动力为 $8.126\times10^6 kW$。其中，大中型拖拉机 2612 台，小型拖拉机 6904 台，农用排灌机械 13840 台，联合收获机 944 台，农用运输车 32036 辆，农用挂车 7062 辆。机耕作业面积为 $7.1\times10^4 hm^2$，机播面积为 $5.59\times10^4 hm^2$，机收面积为 $6.103\times10^4 hm^2$。全县有机电井 8588 眼，配套装机 8452 台，总装机为 $9.495\times10^4 kW$。

东平县是一个粮食生产大县，2009 年粮食总产为 67.5 万吨，平均单产为 $430kg/667m^2$。全县耕地面积中，2009 年小麦种植面积达到 $5.4\times10^4 hm^2$，玉米种植面积为 $3.7\times10^4 hm^2$（见图 10-1）。

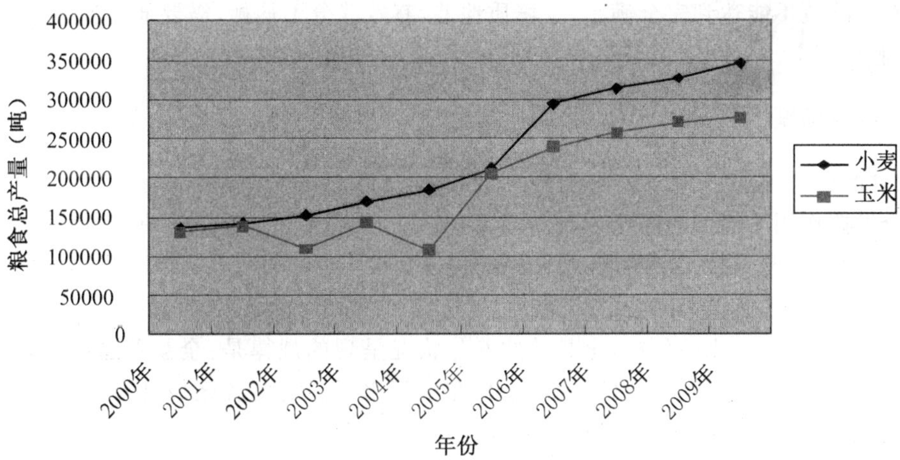

图 10-1　历年粮食产量趋势图

从图 10-1 看出，东平县粮食产量自 2005 年以来一直呈递增状态，到 2009 年小麦总产有大幅提高，粮食单产也由 2006 年的 375kg/667m^2 增加到现在的 430kg/667m^2。增产的主要原因是国家加大了种粮补贴力度，提高了农民种粮积极性，扩大了粮食种植面积，其次是农业主推技术应用与推广，使农作物单产也在逐年提高。

东平县近年来农业生产条件方面有了大幅提升，农业机械化作业率得到了提高，但是存在着各乡镇之间发展极不平衡的状况，特别是北部山区农作物复种指数不高，机械化程度差，抗旱能力较弱。东平湖西部部分乡镇由于地势低洼，排灌能力亟待改善。

二、地力现状

通过开展这次地力评价，东平县地力状况有了一个全面而系统的分析，对全县地力现状进行了等级划分，为了解东平地力状况和制定科学的农业生产规划、粮食增产目标、土地综合治理与改良都提供了重要的技术依据，为东平农业的可持续发展奠定了坚实的基础（见表 10-1）。

表 10-1　　东平县耕地地力评价结果面积统计

等　级	一级地	二级地	三级地	四级地	五级地	六级地	总　计
面积（hm^2）	15842.29	18375.47	16135.28	6918.99	9976	1223.06	68471.09
粮食产量水平（吨/hm^2）	15.75	14.25	12.75	11.25	9.75	8.25	
百分比（%）	23.14	26.84	23.56	10.1	14.57	1.79	100

其中五级地、六级地占总面积的 16.36%，所占面积不大，但这是比较难以改造的部分，主要集中在北部山区，如旧县东部、梯门西北部、大羊南部、接山东北部、东平镇北部及湖西的部分乡镇。一个明显的特点是农业生产设施没有或者不配套、交通不便、耕作条件差，存在着劣质土壤，需要有较大的农业投入来进行改善。三级地、四级地占 33.5%，大部分处在山区与平原的过渡区，一部分在沿湖周围，中低产田居多，农田生产设施基本配

套，但有效灌溉不能达到完全满足，土壤质地差，有效养分不均衡，需要通过各种治理措施进行培肥和改良。

三、存在问题

粮食产量是种子、气候、土壤、耕作、管理几个方面的综合反应，只有在生产中相互影响、充分发挥作用才能创造高产或超高产。在这几方面，东平县依然存在着主观或客观上的不同程度的问题，制约了粮食生产水平的提升速度。

（一）养分不平衡

通过几年来土壤化验分析，全县总的养分状况呈现的规律是：全县普遍缺氮，北部普遍少磷，南部基本缺钾，钙、镁、硫、硼水平都在中下水平。需要各区域针对不同养分特点有针对性地采取合理的施肥方式进行调整。

（二）条件不完善

北部山区表现在农田基本设施较差，灌溉保证率较低，有效灌溉面积少，土地不平整，造成了农业机械化作业程度不高。东平湖西部、稻屯洼等地地势低洼，排水能力差，对粮食生产造成了不同程度的影响。

（三）管理水平低

目前在粮食生产上管理较为粗放，生产措施精细化程度低。品种选择上比较盲目且更新较慢，病虫害预防上综合防治能力差，一些大的病虫害如小麦吸浆虫、玉米粗缩病近几年危害较重，都还没有形成更加有效的防治办法。耕作方法需要改进，相当多的土壤，特别是一些比较黏重的土壤，存在着耕作层较浅现象，影响了作物的根系下扎，降低了土壤的保水、保肥能力。

（四）技术推广慢

近几年来，农业局在农业主推技术与主推品种的筛选上不遗余力，同时在全县10个乡镇开展了农业科技入户工程，采取了由技术指导员对示范户进行全面技术指导的方针，取得了明显的效果。但由于是一家一户的种植管理模式，所以农民在接受能力及认可度上存在着千差万别，影响了主推技术的推广速度与覆盖率。

第二节　粮食增产潜力分析

提高粮食产量取决于两个主要方面：一是稳定和扩大粮食种植面积；二是提高单产。在这两个前提下，还要积极不断优化产业结构、推广应用节本增效和资源节约型技术，促进粮食转化增值，提高粮食生产的综合效益。下面就东平县实际生产情况来作简要分析。

一、面积潜力

稳定和扩大粮食种植面积是提高粮食总产的便捷途径，首先要实行最严格的耕地保护制度，采取切实可行的措施，调动农民种粮和政府抓粮的积极性，将粮食播种面积稳定在合理水平。2009年，东平县新划定的基本农田保护区是$5.987\times10^4hm^2$，这一耕地红线是东平县实现粮食面积稳定的重要前提和基础。由于国家粮食补贴政策的实施，2009

年全县小麦种植面积达到了历史最高,玉米面积也在逐年增加。从总的形式看,东平县粮食种植面积,特别是小麦,已经达到或者接近了峰值,面积上升空间不大,只有夏季粮食作物如玉米、大豆等通过对低产田改造以及洼涝地改造能够实现10%的面积增幅,可带来2.7万吨的粮食增产。

二、单产潜力

在当前耕地面积面临着逐渐减少的压力下,单产提高是目前增加粮食总产的最重要途径,既有社会效益也有经济效益,扩大了投入与产出的比例,提高了粮食综合生产能力,能够带动农民种粮积极性,向产业化、集约化发展,形成规模效益。

东平县粮食单产水平在全省处于中等以上水平,2009年小麦单产为427kg/667m^2,玉米单产为513kg/667m^2(见表10-2),均高于全省平均单产(小麦376kg/667m^2,玉米443kg/667m^2)。2009年在全县开展了“粮食作物高产创建活动”,沙河站镇董堂村夏玉米创造了996.7kg/667m^{2}的高产纪录,小麦达到了715.7kg/667m^2,说明东平县粮食实际产量与高产水平相比,还存在着较大的增产潜力和上升空间。而且各乡镇之间发展不均衡,单产水平差距较大。小麦单产最高与最低相差127kg/667m^2,玉米单产最高与最低相差221.2kg/667m^2。可以看出,粮食单产提高潜力很大,按照省里提出的年单产增长率达到4.5%的最低目标计算,东平县2010年实现粮食总产增加2.84万吨。根据当前科学技术发展的水平,无论是从优良品种还是栽培措施及耕作制度等各方面技术进步程度来看,都能实现这一增产目标:一是通过加强水利设施建设;二是通过改土、节肥、节水、良种良法配套等新技术措施。

表10-2　　2009年东平县各乡镇粮食单产水平

作物	东平县	州城镇	沙河站镇	彭集镇	东平镇	老湖镇	银山镇	斑鸠店镇	接山乡	大羊乡	梯门乡	新湖乡	商老庄乡	戴庙乡	旧县乡
小麦(kg/667m^2)	427	503	507	504.3	408.3	398.1	401.3	418.3	403.2	397	380	415.6	407.3	424	404
玉米(kg/667m^2)	513	600	600	600	470.2	379.8	464	511.9	601	439	432	480.8	454.7	529	439

第三节　促进粮食增产措施

一、加强领导,提高对粮食生产的重要性认识

粮食生产是涉及国计民生的大事,是国家保持长期发展的战略性要求。要从上到下提高对粮食生产的重要性认识,强化领导责任,认真落实好国家每一项惠农政策,提高农民种粮的积极性,并不断引导农民向机械化、产业化、规模化发展,促进粮食增产、增收。

二、稳定面积,加大中低产田的改造力度

根据国家基本农田保护条例,确定东平县基本农田保护区,从扩大高产田、改造中低

产田入手，以产业结构调整为重点，建立东平县高产优质粮食生产区域。首先要摸清东平县地力现状，然后采取相应的改良措施，调整农作物种植结构，增加粮食种植面积。

由表10-3可以看出，东平县耕地自然环境条件总体良好，仅有21.85%的耕地需要改良，主要分布在东平县的东北部地区。单一有效土层厚度偏低的耕地面积为749.28hm²，占耕地总面积的1.09%；单一灌溉保证率需要改善的耕地为11981.57hm²，占耕地总面积的17.43%；灌溉保证率和有效土层厚度均需要改善的耕地面积为2034.74hm²，占耕地总面积的2.96%；灌溉保证率、坡度和有效土层厚度均需改良的耕地面积为254.34hm²，占耕地总面积的0.37%。这一部分耕地中，由于受自然条件、水源灌溉条件的限制，农作物复种指数低，粮食面积比例低，农业整体效益不高，是东平县中低产田改造的重点地区。改良利用的主要方向为采用综合的土地治理措施，改善灌溉条件，提高灌溉保障率，平整土地，增加土层厚度，防止水土流失，保护耕层土壤。加强农田道路林网建设，逐步提高农业机械的应用率，为扩大粮食种植面积、提高产量奠定基础。

表10-3　东平县耕地自然环境条件改良利用分区面积统计表

改良利用分区	Ed	Ei	EiEd	EiEsEd	非改良区
面积(hm²)	749.28	11981.57	2034.74	254.34	53721.16
百分比(%)	1.09	17.43	2.96	0.37	78.15

三、主攻单产，加大农业主推技术的推广应用力度

主攻单产，首先是加大农业投入，加强耕地质量建设，其次是加快农业科技推广步伐。

几年来，紧紧依靠科技进步，通过对农业主推技术宣传推广，缩短了新品种的更换周期，使良种与良法相配套，在东平县大力实施了玉米“一增四改”、小麦氮肥后移延衰等高产栽培技术，粮食单产水平有了显著提高。

2010年，东平县承担了全国首批农技推广示范县项目，而且农业部开展的农业科技入户示范工程在东平已经实施多年，为东平加快农业科技推广搭建了平台、带来了机遇，是实现农业科技成果快速转化的重要载体。在主推技术的推广过程中，要充分发挥科技示范户、粮食种植大户、高产高效示范样板的带头辐射作用，逐步实现粮食种植的规范化、标准化、机械化、优质化。

(1)建立新品种试验示范区，不断筛选更新品种。

(2)通过各乡镇高产攻关田，探索高产栽培技术，示范推广同步开展。

(3)建立主要作物的施肥指标体系，分乡镇、分区域实施配方施肥技术。

(4)以建设农村植保专业化防治队伍为重点，加大病虫害的统防、统治力度，提升整体防治水平。

在今后实现粮食增产方面，不仅要注重单产的突破，还要注重大面积粮食丰产能力的提升。既要注重单项技术创新，又要注重技术的综合集成和系统配套。注重节本增效技术的转化和应用，对粮食作物大面积、规模化种植配套技术和防灾减灾、产后减损技术进行系统安排；注重粮食丰产技术的综合集成，形成一批适合不同区域粮食作物丰产栽培技

术的模式;推动东平县粮食丰产能力的建设,拉动全县粮食产业的发展。

四、增加投入,全方位拉动农业生产水平的整体提升

从2004年到2010年,中央连续出台了7个涉农的一号文件,可以看出对农业基础地位的重视程度,在农业问题上始终把“稳粮保供给”作为稳定国家改革发展的头等大事来抓,而且坚持对种粮农民实行直接补贴,提高了补贴范围与补贴资金,还要继续增加现代农业生产发展资金和农业综合开发资金规模。

近年来,东平在全县范围内实施了小麦粮食直补、农机具补贴和玉米、花生、棉花的良种补贴,直接推动了农民种粮积极性,扩大了粮食种植面积。

在部分乡镇实施了标准粮田建设和现代农业粮食产业项目建设。通过土地治理、改善生产灌溉条件、增加有机质投入、开展平衡施肥、实行病虫害统防统治,很大程度上提高了粮食生产水平。

2010年,省发展改革委员会根据《全国新增1000亿斤粮食生产能力规划》出台了县级项目实施方案编制工作安排意见,东平县编制出了项目实施方案。项目第一期建设期限为4年(2009~2012年),总投资近1.4亿元,涉及高产、稳产粮田和农机农技服务体系建设、中低产田改造、土地整理和复垦开发等内容。项目实施后,将为东平县新增高产、稳产田近100000($667m^2$),中低产田改造80000($667m^2$),整理和复垦土地2650($667m^2$)。可增加粮食产能2.941×10^7kg。

因此,要紧紧抓住这次发展机遇,充分利用此次地力评价的成果,科学规划东平县土地治理方案及农业综合改良措施,以国家投入为重点,筹措多方面资金,加大农业投入力度,全面提升东平县农业生产水平。

第十一章 测土配方施肥技术

第一节 测土配方施肥的意义

随着农业生产的发展，肥料的施用对增加作物产量发挥了巨大的作用，农民对肥料，特别是无机肥料的依赖程度越来越高。通过多年来的调查发现，农民在施肥过程中存在着许多不合理现象，为了追求高产，盲目大量施肥化肥，施肥结构和方式不合理，肥料利用率低，养分流失、挥发严重，造成浪费。不合理施肥，不仅造成土壤板结，结构变差，土壤综合肥力下降，而且农业投入成本增加，农产品品质下降，增产不增收。因此，发展可持续生态农业，迫切需要推广科学的测土配方施肥技术。

测土配方施肥是以土壤测试和肥料田间试验为基础，根据作物施肥规律、土壤供肥性能和肥料效应，在合理施用有机肥料的基础上，提出氮、磷、钾及中微量元素等肥料的施用数量、施肥时期和施用方法。

推广测土配方施肥技术对农业和农村经济发展具有重要作用。

一是增加产量。提高作物产量、增加施肥效益是测土配方施肥首要目的，分以下三个方面。调肥增产：即在不增加化肥投资的前提下，调整化肥中氮、磷、钾及微肥的比例，纠正偏施，提高产量。减肥增产：在经济比较发达、以高肥换高产、施肥经济效益低的地区，适当减少某一肥料的用量，能取得增产或平产的效果。增肥增产：即在化肥施用量水平很低或单施一种养分肥料的地区，农作物产量未达到最大利润施肥点或者土壤最小养分已成为限制作物产量提高的因子，适当提高肥料用量或配施某一养分元素肥料，即可大幅度增加作物产量。

二是有利于培肥地力，改善土壤理化性状，维持土壤养分平衡，保障农业的可持续发展。

三是提高作物抗性。配方施肥可以预防作物生理病害。如油菜、棉花缺硼会导致花而不实、蕾而不花，水稻缺锌会导致僵苗，玉米缺锌会导致植株矮小出现花白苗，以及小麦缺钼会导致黄化死苗等。

四是提高产品品质。配方施肥可以提高蔬菜、瓜果中维生素 C、可溶性糖的含量及其他营养物质含量；提高棉花衣分、绒长和铃重，减少蕾、铃脱落；提高食品中矿物质含量；减少农药污染。

五是提高资源利用效率。有利于优化化肥资源配置，提高肥料利用率，降低生产成本，提高经济效益。

六是保护环境。可以避免和减轻因施肥不科学带来的环境和食品污染。

七是能够优化农作物布局，发展特色农业。

第二节　测土配方施肥的实施

测土配方施肥涉及作物、土壤、肥料和环境等因素，必须遵循有机、无机相结合，氮、磷、钾相配合，用地与养地相结合三大原则。

一、测土配方施肥的理论依据

测土配方施肥要考虑到作物、土壤、肥料体系的相互联系，其理论依据主要有以下几个方面。

（一）作物增产曲线证实了肥料报酬递减律的存在

因此，对某一作物品种的肥料投入量应有一定的限度。在缺肥的中低产地区，施用肥料的增产幅度大，而高产地区，施用肥料的技术要求则比较严格。肥料的过量投入，不论是哪类地区，都会导致肥料效益下降，以致减产。因此，确定最经济的肥料用量是配方施肥的核心。

（二）作物生长所必需的多种营养元素之间有一定的比例

有针对性地解决限制当地产量提高的最小养分，协调各营养元素之间的比例关系，纠正过去单一施肥的偏见，实行氮、磷、钾和微量元素肥料的配合施用，发挥诸养分之间的互相促进作用，是配方施肥的重要依据。

（三）在养分归还（补偿）学说的指导下，配方施肥体现了解决作物需肥与土壤供肥的矛盾

作物的生长，不但消耗土壤养分，同时消耗土壤有机质。因此，正确处理好肥料（有机与无机肥料）投入与作物产出、用地与养地的关系，是提高作物产量和改善品质，也是维持和提高土壤肥力的重要措施。

（四）测土配方施肥是一项综合性技术体系

它虽然以确定不同养分的施肥总量为主要内容，但为了充分发挥肥料的最大增产效益，施肥必须与选用良种、肥水管理、耕作制度、气候变化等影响肥效的诸因素相结合，配方肥料生产要求有严密的组织和系列化的服务，形成一套完整的施肥技术体系。

二、确定配方的基本技术

当前所推广的配方施肥技术从定量施肥的不同依据来划分，可以归纳为以下三个类型。

（一）地力分区（级）配方法

地力分区（级）配方法的做法是按土壤肥力高低分为若干等级，或划出一个肥力均等的田片，作为一个配方区，利用土壤普查资料和过去田间试验成果，结合群众的实践经验，估算出这一配方区内比较适宜的肥料种类及其施用量。

地力分区（级）配方法的优点是针对性强，提出的用量和措施接近当地经验，群众易于

接受,推广的阻力比较小。但其缺点是存在地区局限性,过于依赖于经验。适用于生产水平差异小、基础较差的地区。在推行过程中,必须结合试验示范,逐步扩大科学测试手段和指导的比重。

(二)目标产量配方法

目标产量配方法是根据作物产量的构成,由土壤和肥料 2 个方面供给养分原理来计算施肥量。目标产量确定以后,计算作物需要吸收多少养分来施用肥料。目前有以下两种方法。

1. 养分平衡法

以土壤养分测定值来计算土壤供肥量。肥料需要量可按下列公式计算:

肥料需要量=(作物单位产量养分吸收量×目标产量)−(土壤测定值×校正系数)/肥料养分含量×肥料当季利用率

[注]作物单位产量养分吸收量×目标产量=作物吸收量

土壤测定值×校正系数=土壤供肥量

这一方法的优点是概念清楚,容易掌握。缺点是由于土壤具有缓冲性能,土壤养分处于动态平衡,因此,测定值是一个相对量,不能直接计算出土壤供肥量,通常要通过试验,取得校正系数后加以调整。

2. 地力差减法

作物在不施任何肥料的情况下的产量称为空白田产量,它所吸收的养分全部取自土壤。从目标产量中减去空白田产量,就应是施肥所得的产量。按下列公式计算肥料需要量:

肥料需要量=作物单位产量养分吸收量×(目标产量−空白田产量)/养分含量×肥料当季利用率

这一方法的优点是不需要进行土壤测试,避免了养分平衡法的缺点。但空白田产量不能预先获得,给推广带来了困难。同时,空白田产量是构成产量诸因素的综合反映,无法代表若干营养元素的丰缺情况,只能以作物吸收量来计算需肥量。当土壤肥力越高、作物对土壤的依赖率越大(即作物吸收土壤的养分越多)时,需要由肥料供应的养分就越少,可能出现剥削地力的情况,必须引起注意。

(三)肥料效应函数法

通过简单的对比,或应用正交、回归等试验设计,进行多点田间试验,从而选出最优的处理,确定肥料的施用量,主要有以下三种方法。

1. 多因子正交回归设计法

此法一般以单因素或两因素多水平试验设计为基础,将不同处理得到的产量进行数量统计,求得产量与施肥量之间的函数关系(即肥料效应方程式)。根据方程式,不仅可以直观地看出不同元素肥料的增产效应以及其配合施用的联合效果,而且还可以分别计算出经济施用量(最佳施肥量)、施肥上限和施肥下限。

此法的优点是能客观地反映影响肥效诸因素的综合效果,精确度高,反馈性好。缺点是有地区局限性,需要在不同类型土壤上布置多点试验,积累不同年度的资料,费时。

2. 养分丰缺指标法

利用土壤养分测定值和作物吸收土壤养分之间存在的相关性,对不同作物通过田间试验，把土壤测定值以一定的级差分等，制成养分丰缺及施肥数量检索表。取得土壤测定值，就可对照检索表按级确定肥料施用量。

此法的优点是直接性强，定肥简捷方便。缺点是精确度较差，由于土壤理化性质的差异，土壤氮的测定值和产量之间的相关性很差，一般只用于磷、钾和微量元素肥料的定肥。

3. 氮、磷、钾比例法

通过一种养分的定量，然后按各种养分之间的比例关系来决定其他养分的肥料用量，例如，以氮定磷、定钾，以磷定氮等。

此法的优点是减少了工作量，也容易为群众所理解。缺点是作物对养分吸收的比例和应施肥料养分之间的比例是不同的，不一定能反映缺素的真实情况。由于土壤各养分的供应强度不同，因此，作为补充养分的肥料需要量只是弥补了土壤的不足。所以，推行这一定肥方法时，必须预先做好田间试验，对不同土壤条件和不同作物分别确定符合客观要求的肥料氮、磷、钾比例。

配方施肥的三种方法可以互相补充，并不互相排斥。形成一个具体配方施肥方案时，可以以一种方法为主，参考其他方法，配合起来运用。这样做的好处是可以吸收各法的优点，消除或减少存在的缺点，在产前能确定更符合实际的肥料用量。

三、测土配方施肥的步骤

测土配方施肥涉及面比较广，是一个系统工程。整个实施过程需要科研、技术推广部门同广大农民相结合，配方肥料的研制、销售、应用相结合，现代先进技术与传统实践经验相结合，具有明显的系列化操作、产业化服务的特点。测土配方施肥技术包括 5 个核心环节和 9 项重点内容。

5 个核心环节是测土、配方、配肥、供应、施肥指导。9 项重点内容分述如下。

（一）田间试验

田间试验是获得各种作物最佳施肥量、施肥时期、施肥方法的根本途径，也是筛选、验证土壤养分测试技术、建立施肥指标体系的基本环节。通过田间试验，掌握各个施肥单元不同作物的优化施肥量，基、追肥分配比例，施肥时期和施肥方法；摸清土壤养分校正系数；构建作物施肥模型，为施肥分区和肥料配方提供依据。

（二）采土化验

采土化验是制定肥料配方的重要依据之一，随着我国种植业结构不断调整，高产作物品种不断涌现，施肥结构和数量发生了很大的变化，土壤养分库也发生了明显改变。通过开展土壤氮、磷、钾及中微量元素养分测试，了解土壤供肥能力状况。

（三）配方设计

肥料配方设计是测土配方施肥工作的核心。通过总结田间试验、土壤养分数据等，划分不同施肥分区；同时，根据气候、地貌、耕作制度等相似性和差异性，结合专家经验，提出不同作物的施肥配方。

（四）校正试验

为保证肥料配方的准确性，最大限度地减少配方施肥批量生产和大面积应用的风险，在每个施肥分区单元设置配方施肥、农户习惯施肥、空白施肥三个处理，以当地主要作物及其主栽品种为研究对象，对比配方施肥的增产效果，校验施肥参数，验证并完善肥料施用配方，改进测土配方施肥技术参数。

（五）配方加工

配方落实到农户田间是提高和普及测土配方施肥技术的最关键环节。目前不同地区有不同的模式，其中最主要也是最具有市场前景的运作模式就是市场化运作、工厂化加工、网络化经营。这种模式适应我国农民科技水平低、土地经营规模小、技物分离的现状。

（六）示范推广

为促进测土配方施肥技术能落实到田间地头，既要解决测土配方施肥技术市场化运作的难题，又要让广大农民亲眼看到实际效果，这是限制测土配方施肥技术推广的“瓶颈”。建立测土配方施肥示范区，为农民创建窗口，树立样板，全面展示测土配方施肥技术效果。将测土配方施肥技术物化成产品，打破技术推广“最后一公里”的“坚冰”。

（七）宣传培训

测土配方施肥技术宣传培训是提高农民科学施肥意识、普及技术的重要手段。农民是测土配方施肥技术的最终使用者，迫切需要向农民传授科学施肥方法和模式；同时还要加强对各级技术人员、肥料生产企业、肥料经销商的系统培训，逐步建立技术人员和肥料经销持证上岗制度。

（八）效果评价

农民是测土配方施肥技术的最终执行者和落实者，也是最终受益者。要验证测土配方施肥的实际效果，及时获得农民的反馈信息，不断完善管理体系、技术体系和服务体系。同时，为科学地评价测土配方施肥的实际效果，必须对一定的区域进行动态调查。

（九）技术创新

技术创新是保证测土配方施肥工作长效性的科技支撑。重点开展田间试验方法、土壤养分测试技术、肥料配置方法、数据处理方法等方面的创新研究工作，不断提升测土配方施肥技术水平。

第二节 东平县小麦、玉米施肥指标体系分析

东平县是粮食种植大县，全县耕地面积为 1027000（667m²），2009 年小麦种植面积发展到 815000（667m²），玉米种植面积达到 550000（667m²）。实施测土配方施肥项目后，为了能够更好地稳定东平县粮食种植面积，实现持续节本增收，把建立小麦、玉米施肥指标体系作为项目实施的一项核心工作内容来抓，围绕测土、配方、配肥、供肥、施肥指导 5 个环节来开展工作。其中，通过开展东平县耕地力评价工作，取得了阶段性成果，完成了东平县耕地力评价技术报告，对全县土壤养分状况有了全面的了解和分析，对全县耕地地力等级进行了详细的划分。在此基础上，开展了在全县不同的土壤类型上和不同的肥力条件下的田间试验工作。几年来，积累了大量的试验数据，经过对这些试验数据的统计分析，结合地力评价的成果，提出了全县小麦、玉米主要农作物的科学施肥指标体系，为大面积推广测土配方施肥技术、开展施肥指导奠定了重要的理论基础。

一、田间试验

田间试验是测土配方施肥的技术基础，也是测土配方施肥补贴项目的一项重要内容。田间试验包括"3414"类小区试验和肥效对比试验，是获得各种作物最佳施肥量、施肥比例、施肥时期、施肥方法的根本途径，也是筛选验证土壤养分测试方法、建立施肥指标体系的基本环节。通过田间试验，可以掌握各个施肥单元不同作物施肥数量，基、追肥分配比例，施肥时期和施肥方法；摸清土壤供肥能力、不同作物养分吸收量和肥料利用率等基本参数；构建作物施肥模型，为施肥分区和肥料配方设计提供依据。是施肥指标体系建设的基础工作，对施肥指标体系的建立具有重要的作用。

(一)"3414"试验

1."3414"完全实施方案

"3414"方案设计吸收了回归最优设计处理少、效率高的优点，是目前应用较为广泛的肥料效应田间试验方案。"3414"是指氮、磷、钾 3 个因素，4 个水平，14 个处理。4 个水平的含义：0 水平指不施肥，2 水平指当地推荐施肥量，1 水平(指施肥不足)＝2 水平×0.5，3 水平(指过量施肥)＝2 水平×1.5(见表 11-1)。

表 11-1 "3414"试验方案处理(推荐方案)

试验编号	处理	N	P	K
1	$N_0P_0K_0$	0	0	0
2	$N_0P_2K_2$	0	2	2
3	$N_1P_2K_2$	1	2	2
4	$N_2P_0K_2$	2	0	2
5	$N_2P_1K_2$	2	1	2
6	$N_2P_2K_2$	2	2	2
7	$N_2P_3K_2$	2	3	2
8	$N_2P_2K_0$	2	2	0
9	$N_2P_2K_1$	2	2	1
10	$N_2P_2K_3$	2	2	3
11	$N_3P_2K_2$	3	2	2
12	$N_1P_1K_2$	1	1	2
13	$N_1P_2K_1$	1	2	1
14	$N_2P_1K_1$	2	1	1

2. 试验地选择

试验地应选择平坦、整齐、肥力均匀并且具有代表性的不同肥力水平的地块。坡地应选择坡度平缓、肥力差异较小的田块。试验地应该避开道路、堆肥场所等特殊地块。

3. 试验品种的选择

田间试验应选择当地主栽作物品种或拟推广品种。小麦主要有济麦 22、良星 99、潍麦 8、泰山 9818 等，玉米主要有农大 108、鲁单 981、郑单 958、浚单 20 等。

4. 试验地要求与小区排列

整地、设置保护行、试验地区划；小区应单灌单排，避免串灌串排；试验前采集土壤样品；依测试项目不同，分别制备新鲜或风干的土样。

为保证试验精度，减少人为因素、土壤肥力和气候因素的影响，田间试验设三个重复。采用随机区组排列，区组内土壤、地形等条件相对一致，区组间允许有差异。

小区面积：大田作物和露地蔬菜作物小区面积一般为 $33.4m^2$。

5. 试验田间记载

参照肥料效应鉴定田间试验技术规程（NY/T497-2002）执行，试验前采集基础土样进行测定，收获期采集植株样品，进行考种和生物与经济产量测定，必要时进行植株分析。

（二）肥效对比试验方案

为了探索推荐施肥与常规施肥对作物产量和品质的影响及其经济效益的分析，特制定肥效对比试验。试验设计三个处理，处理一为习惯施肥，处理二为平衡施肥一，处理三为平衡施肥二。习惯施肥为当地 20 户以上农户调查的平均值。“平衡施肥一”为较为合理的方式。“平衡施肥二”为施肥量比“平衡施肥一”大的施肥量。

1. 施肥量的确定

（1）小麦施肥量的确定

习惯施肥：20 户以上农户调查的平均值。

平衡施肥一：NT（氮肥）$=0.025*Y_m+2$

PT（磷肥）$=0.015*Y_m+(15-P_s)*0.1+1$

平衡施肥二：$NT=0.025*Y_m+4$

$PT=0.015*Y_m+(15-P_s)*0.1+2$

其中，Y_m 为预定产量目标；P_s 为肥料中磷的含量；NT 为每亩氮肥用量；PT 为每亩磷肥用量。

小麦钾肥用量如表 11-2 所示。

表 11-2　钾肥用量

目标产量 ($kg/667m^2$)	土壤速效钾(mg/kg)		
	<75	75～100	>100
350	5	0	0
400	6	5	0
500	8	6	5

（2）玉米施肥量的确定

习惯施肥：20 户以上农户调查的平均值。肥料品种及施肥方式按习惯进行。

平衡施肥一：$NT=0.02Y_m$

$PT=0.02*(Y_m-400)+(15-P_s)*0.15$（$Y_m>400$ 时使用）

平衡施肥二：$NT=0.02Y_m+4$

$$PT=0.02*(Y_m-400)+(15-P_s)*0.15+2(Y_m>400\text{ 时使用})$$

Y_m 低于 400kg、土壤有效磷高于 15mg/kg 时，不施磷肥。Y_m 低于 400kg、土壤有效磷低于 15mg/kg 时，建议施肥 2～3kg。

玉米钾肥用量如表 11-3 所示。

表 11-3　　钾肥用量

目标产量 (kg/667m²)	土壤速效钾(mg/kg)		
	<75	75～100	>100
400	5	0	0
500	6	5	0
600	8	6	5

2. 肥效对比试验处理排列（见图 11-1）

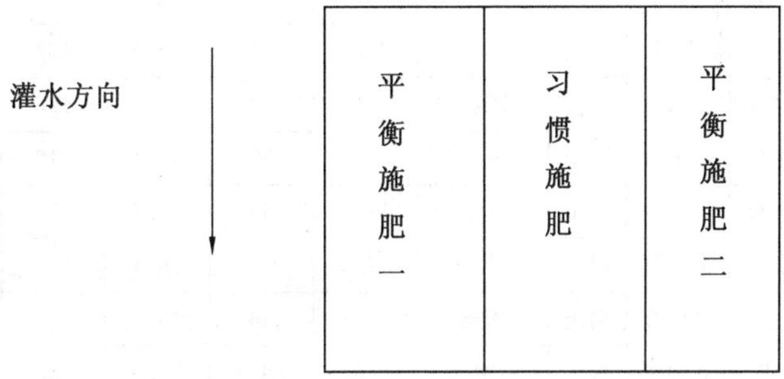

图 11-1　　肥效对比试验处理排列

3. 试验设置

试验地块周围要设置保护行（地头 2m 以上，地边 1m），面积达到 2($667m^2$)以上，长宽比例不要过大，一般为 3∶2。试验地块选择科技意识强、具有代表性、辐射带动性强、有威信、长期从事农业生产的农户的地块。地块要求有代表性，适当远离村庄，分高、中、低产量水平安排。

4. 试验实施

肥料品种及施肥方式按习惯进行。

二、试验完成情况

近年来，在全县不同土壤类型和不同肥力水平的地块上开展了大量的“3414”试验和肥效对比试验，4 年累计安排各类田间试验 68 处，其中“3414”小区试验 32 处（小麦 16 处，玉米 14 处，棉花 2 处），肥效对比试验 36 处（小麦 18 处，玉米 16 处，棉花 2 处），涉及农户 54 户。同时在全县 10 个乡镇建立测土施肥示范区，共计 10 处，在每处都建立永久结构的示范标志牌，示范面积为 5000($667m^2$)。

为确保试验数据的准确性，制定了严格的质量控制方案，实行了专人负责制，从种植到收获都进行了管理记载，按照标准的小区测产方案进行认真测产，同时对每一个小区收割一定数量的植株样品进行千粒重测定，对植株氮、磷、钾养分吸收量进行化验，从而获得了大量的试验性数据，为开展各类分析提供了保证。

三、试验数据分析

（一）小麦试验数据分析

1. 小麦田间试验数据

将2006～2009年4年的小麦“3414”试验进行汇总，并进行相关分析（见表11-4和表11-5）。

表 11-4　　田间试验基础数据汇总表

序号	试验作物	试验地点	试验户姓名	土壤类型	耕层质地	有机质(g/kg)	碱解氮(mg/kg)	有效磷(mg/kg)	速效钾(mg/kg)	试验类型	N、P、K 二水平用量
1	小麦	东平县农科所	郑允坦	褐土	壤土	18.2	55	38.4	92	3414	8－8.0－4
2	小麦	大羊乡西王村	侯庆军	褐土	壤土	12.7	60	14.1	145	3414	8－8.0－4
3	小麦	接山乡林马村	王辉	褐土	壤土	17.4	71	25.9	137	3414	9－7.5－3.5
4	小麦	东平县良种场	李祥	褐土	壤土	20.9	81	40.8	132	3414	9－7－1.5
5	小麦	新湖乡藏庄	刘仰军	潮土	砂壤土	12.4	87	35.2	126	3414	8.5－10－4
6	小麦	梯门乡陈王庄	蒋士海	褐土	壤土	10.3	57	19.1	119	3414	8.0－8－4
7	小麦	接山乡夏五村	徐玉生	褐土	壤土	13.1	68	35.7	135	3414	9.5－9.5－3.5
8	小麦	彭集镇后亭村	张德英	潮土	砂土	12.3	101	46.4	104	3414	8－8.0－4
9	小麦	接山乡夏一村	尹燕金	褐土	壤土	10.4	56	15.3	108	3414	8－8.0－4
10	小麦	新湖乡臧庄	刘仰军	褐土	砂壤土	16.7	78.6	26.9	123	3414	8－8.0－4
11	小麦	沙河站镇唐营	唐先雷	潮土	砂壤土	23.5	165	58.7	109	3414	8－8.0－4

表 11-5　　田间试验各处理数据汇总表

序号	各处理产量($kg/667m^2$)													
	1 $N_0P_0K_0$	2 $N_0P_2K_2$	3 $N_1P_2K_2$	4 $N_2P_0K_2$	5 $N_2P_1K_2$	6 $N_2P_2K_2$	7 $N_2P_3K_2$	8 $N_2P_2K_0$	9 $N_2P_2K_1$	10 $N_2P_2K_3$	11 $N_3P_2K_2$	12 $N_1P_1K_2$	13 $N_1P_2K_1$	14 $N_2P_1K_1$
1	210.6	293.3	366.1	300.9	364.9	380	407.3	375.5	396.2	403.3	435.1	301.7	309.9	369.3
2	223.8	263.8	351.9	360.7	371.4	408.5	418.9	387.3	409.6	405.9	428.9	329.8	348.7	360.4
3	306	395	477	401	462	512	509	452	476	512	531.8	398	406	431
4	301	382	400	361	423	469	459	415	463	481	476	387	402	429
5	260.9	353.5	406	380.2	403.4	432.7	417	367	386.2	420.7	435.8	302.2	323.8	322
6	214.5	306.3	360	352.1	360.1	405.3	405.8	364.4	357.5	416.2	408.2	305.5	282.1	310.1
7	276.9	353.8	379.7	411.6	458.5	498.3	511.7	405.7	454	502.6	522.2	330.7	308.2	346
8	310	358.3	381.3	404.3	425	514.1	548	453.7	478	499	569.3	454.7	388.7	433.7
9	198.4	264.5	328.1	271.8	335.7	362.7	351.3	306.3	324.9	352.7	367.6	285.2	292.4	304.9

续表

序号	各处理产量(kg/667m²)													
	1 $N_0P_0K_0$	2 $N_0P_2K_2$	3 $N_1P_2K_2$	4 $N_2P_0K_2$	5 $N_2P_1K_2$	6 $N_2P_2K_2$	7 $N_2P_3K_2$	8 $N_2P_2K_0$	9 $N_2P_2K_1$	10 $N_2P_2K_3$	11 $N_3P_2K_2$	12 $N_1P_1K_2$	13 $N_1P_2K_1$	14 $N_2P_1K_1$
10	253.7	307.3	364.9	330.4	397.1	430.5	432.1	385.6	412.3	424.5	437.9	379.8	372.3	392.4
11	325.4	390.7	465.4	381.3	452.8	538.7	526.9	468.9	497.2	534.6	541.3	403.7	435.8	448.7

注：$N_0P_0K_0$ 等表示不同小区不同的施肥水平。

2. 小麦土壤养分利用系数

土壤养分利用系数＝缺素区作物养分吸收量/(该元素土壤测定值×0.15)

所得结果如表 11-6 所示。对于磷、钾因土测值与养分的表达形式不同，按上式计算后，还需分别再除以 2.29 和 1.20。通过表 11-6 各数据计算出各养分利用系数 。

表 11-6　　东平小麦土壤养分利用系数

项目 / 试验地点	土壤碱解氮测定值(mg/kg)	2 小区产量($N_0P_2K_2$)(kg)	氮利用系数	土壤有效磷测定值(mg/kg)	4 小区产量($N_2P_0K_2$)(kg)	磷利用系数	土壤速效钾测定值(mg/kg)	8 小区产量($N_2P_2K_0$)(kg)	钾利用系数
东平县农科所	55	293.3	0.995442	10.8	300.9	0.811095	137.9	375.5	0.363065
大羊乡西王村	60	263.8	0.820711	38	360.7	0.230522	151.9	387.3	0.339961
接山乡林马村	71	395	1.038498	25.9	401	0.338217	130.6	452	0.46146
东平县良种场	81	382	0.880329	20.8	361	0.421145	175	415	0.31619
新湖乡藏庄	87	393.6	0.583111	35.2	380.2	0.248859	121.4	367	0.403075
梯门乡陈王庄	57	306.3	1.003088	19.1	352.1	0.45863	138.3	364.4	0.351314
接山乡夏五村	68	353.8	0.971216	45.7	411.6	0.191681	129.8	405.7	0.416744
彭集镇后亭村	101	428.3	0.791578	36.4	404.3	0.240655	104	453.7	0.581667
接山乡夏一村	56	264.5	1.122121	15.3	271.8	0.572538	132.6	306.3	0.307994
新湖乡藏庄	78.6	307.3	0.729805	26.9	330.4	0.325644	126	385.6	0.408042
沙河站镇唐营	165	390.7	0.775858	58.7	381.3	0.14923	109.7	468.9	0.569918

注：凡有($N_xP_xK_x$……)均表示为不同施肥水平下各小区产量水平。

将表 11-6 中数据按产量分级，进行土壤养分利用系数汇总，得表 11-7。

表 11-7 东平小麦土壤养分利用系数汇总表

产量分级	产量水平(kg)	氮 肥	磷 肥	钾 肥
高	＞450	0.89	0.27	0.47
中	350～450	0.88	0.44	0.36
低	＜350			

3. 小麦化肥利用率

化肥利用率＝(全肥区产量—缺素区产量)百千克产量所需肥量/100/该元素的二水平设计施用量

所得结果如表 11-8 所示。

表 11-8 东平小麦化肥利用率

试验地点	6 $N_2P_2K_2$	2 $N_0P_2K_2$	化肥利用率	6 $N_2P_2K_2$	4 $N_2P_0K_2$	磷肥利用率	6 $N_2P_2K_2$	8 $N_2P_2K_0$	钾肥利用率
东平县农科所	380	293.3	0.16184	380	300.9	0.098875	380	375.5	
大羊乡西王村	408.5	263.8	0.270107	408.5	360.7		408.5	387.3	0.1272
接山乡林马村	512	395	0.2184	512	401	0.13875	512	452	0.36
东平县良种场	2	382	0.1624	469	361	0.135	469	415	0.324
新湖乡藏庄	432.7	393.6		432.7	380.2		432.7	367	0.3942
梯门乡陈王庄	405.3	306.3	0.1848	405.3	352.1		405.3	364.4	0.2454
接山乡夏五村	458.5	353.8	0.19544	458.5	411.6		458.5	405.7	0.3168
彭集镇后亭村	514.3	428.3	0.160533	514.3	404.3	0.1375	514.3	453.7	0.3636
接山乡夏一村	362.7	264.5	0.183307	362.7	271.8	0.113625	362.7	306.3	0.3384
新湖乡臧庄	430.5	307.3	0.229973	430.5	330.4	0.125125	430.5	385.6	0.2694
沙河站镇唐营	538.7	390.7	0.276267	538.7	381.3	0.19675	538.7	468.9	0.4188

将表 11-7 中的数据按产量分级，进行化肥利用率汇总，得表 11-9。

表 11-9 东平小麦化肥利用率汇总表

产量分级	产量水平(kg)	氮肥	磷肥	钾肥
高	＞450	0.2	0.15	0.36
中	350～450	0.2	0.11	0.27
低	＜350			

由表 11-9 可以看出，土力条件高的地块化肥利用率较高，反之较差。全县的化肥利用率（尤其是氮肥利用率，钾在肥力较差地块）与全国肥料利用情况相比，相对属偏低水平。因此，提高培肥地力、改善施肥结构、提高化肥利用率、节约资源势在必行。

4. 小麦地力产量贡献率

地力产量贡献率＝无肥区产量×100/全肥区产量

用来衡量土壤肥力对作物产量的贡献（见表 11-10）。

表 11-10　　东平小麦地力产量贡献率

1 $N_0P_0K_0$	6 $N_2P_2K_2$	贡献率
210.6	380	55.42105
223.8	408.5	54.7858
306	512	59.76563
301	469	64.1791
260.9	432.7	60.29582
214.5	405.3	52.92376
276.9	458.5	60.39258
310	514.3	60.2761
198.4	362.7	54.70085
253.7	430.5	58.93148
325.4	538.7	60.40468

按照产量分级进行汇总，如表 11-11 所示。

表 11-11　　东平小麦地力产量贡献率汇总表

产量分级	产量水平(kg)	贡献率
高	＞450	61
中	350～450	56.2
低	＜350	

5. 小麦平衡施肥增产率

平衡施肥增产率为全肥区较习惯施肥区增产量占习惯施肥区产量的百分比（%）。

平衡施肥增产率＝（全肥区产量—习惯施肥区产量）/习惯施肥区产量×100%

对平衡施肥增产表进行处理，得到表 11-12。

表 11-12　　东平小麦平衡施肥增产率

序号	土壤类型	有机质(g/kg)	碱解氮(mg/kg)	有效磷(mg/kg)	速效钾(mg/kg)	各处理产量($kg/667m^2$)			平衡施肥增产率
						习惯施肥	平衡施肥一	平衡施肥二	
1	褐土	14.6	71	61.4	166	369.5	409.6	406.8	10.09472
2	褐土	7.3	71	16.9	118	373.9	411.3	408.7	9.307301
3	褐土	11.5	68	5.7	150	355.8	410.3	405.1	13.8561
4	褐土	17.6	58	38.6	90	397.2	450.4	439.1	10.54884
5	潮土	14	58	16.4	97	376.3	422.6	421.8	12.09142
6	潮土	15.3	91	17.2	119	498.4	535.2	539.2	8.186196
7	潮土	12.7	86	16.9	118	436.5	474.9	479.5	9.851088
8	潮土	11.9	82	9.5	126	334.9	370.9	376.9	12.54106
9	褐土	6	52	9.8	89	394.6	419.2	415.6	5.321845
10	褐土	10.4	81	49.8	100	412.5	428.4	410.8	−0.41212

6. 小麦各元素养分丰缺指标分析

(1)碱解氮

首先对不同试验点的一种养分土壤测定值与相对产量进行配对(见表 11-13)。

相对产量＝100×缺素区产量/全肥区产量

表 11-13　　东平小麦各元素养分丰缺指标

试验地点	2 $N_0P_2K_2$	6 $N_2P_2K_2$	碱解氮(mg/kg)	相对产量
东平县农科所	293.3	380	55	77.18421
大羊乡西王村	263.8	408.5	60	64.57772
接山乡林马村	395	512	71	77.14844
东平县良种场	382	469	81	81.44989
新湖乡臧庄	393.6	432.7	126	90.96372
梯门乡陈王庄	306.3	405.3	57	75.57365
接山乡夏五村	353.8	458.5	68	77.16467
彭集镇后亭村	428.3	514.3	101	83.27824
接山乡夏一村	264.5	362.7	44	72.92528
新湖乡臧庄	307.3	430.5	78.6	71.38211
沙河站镇唐营	390.7	538.7	94	72.52645

在 Excel 表中对配对数据进行分析，采用添加趋势线的方法，可得出相对产量和土壤测定值二者的对数函数关系：

$$y = a\ln x + b$$

其中，y 为相对产量；x 为土壤速效养分含量；a，b 为函数关系系数。

第一步：将表 11-13 在 Excel 表中利用添加趋势线的方法，通过散点图将各试验点转移到 Excel 表中，建立土壤速效养分含量和相对产量相对应坐标关系（见图 11-2 和图 11-3）。

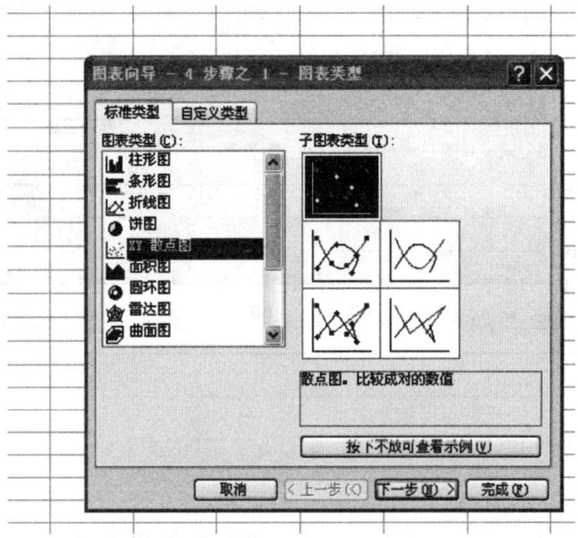

图 11-2

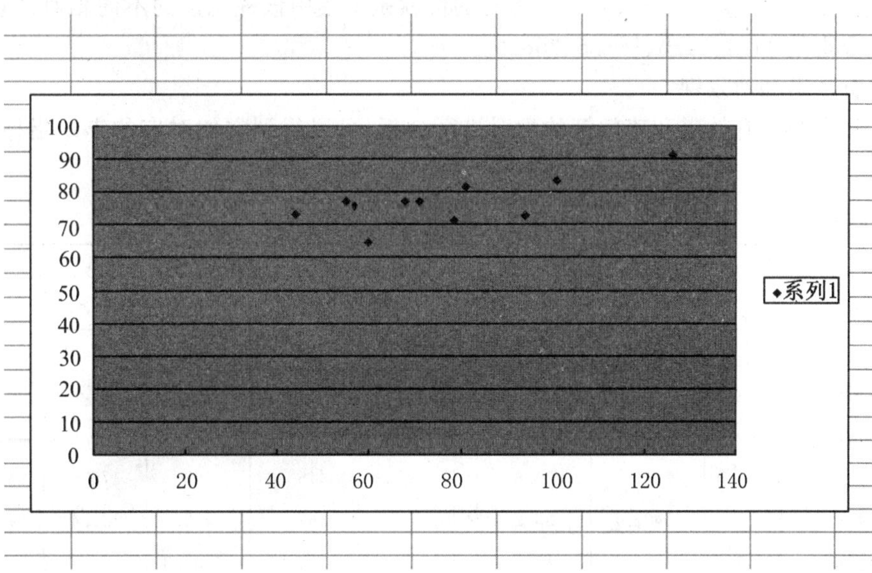

图 11-3

第二步：利用添加趋势线的方法，通过散点图添加曲线，得到该养分的一元回归方程（见图 11-4）。

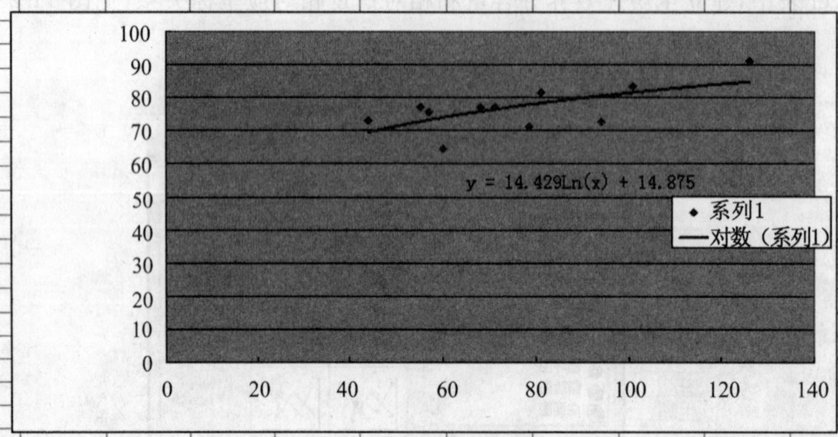

图 11-4

上面氮肥的函数关系为：$y=14.429\ln x+14.875$

第三步：将函数关系 $y=14.429\ln x+14.875$ 进行转化得到：

$$x=\exp[(y-14.875)/14.429]$$

通过上式计算 $y=50$、75、90、95，得到的值就是土壤中该种元素的不同相对产量的丰缺指标，分别是 11.4、64.5、182.5、258.0。

(2)有效磷和速效钾

同理，将两组有效磷和速效钾的配对进行分析，可以得到它们对应的丰缺指标（见表 11-14）。

表 11-14　东平土壤有效磷和速效钾丰数指标

试验地点	有效磷测定值				速效钾测定值			
	4 $N_2P_0K_2$	6 $N_2P_2K_2$	(mg/kg)	相对产量	8 $N_2P_2K_0$	6 $N_2P_2K_2$	(mg/kg)	相对产量
东平县农科所	300.9	380	10.8	79.18421	345.5	380	137.9	90.92105
大羊乡西王村	360.7	408.5	38	88.29865	387.3	408.5	151.9	94.81028
接山乡林马村	401	512	25.9	78.32031	452	512	130.6	88.28125
东平县良种场	361	469	20.8	76.97228	415	469	175	88.48614
新湖乡藏庄	380.2	432.7	35.2	87.86688	367	432.7	121.4	84.81627
梯门乡陈王庄	352.1	405.3	19.1	86.87392	364.4	405.3		
接山乡夏五村	411.6	458.5	45.7	89.77099	405.7	458.5		
彭集镇后亭村	404.3	514.3	36.4	78.61171	453.7	514.3	104	88.21699
接山乡夏一村	271.8	362.7	15.3	74.93797	306.3	362.7	132.6	84.44996
新湖臧庄	330.4	430.5	26.9	76.74797	385.6	430.5	126	89.57027
沙河站镇唐营	481.3	538.7	58.7	89.34472	468.9	538.7	109.7	87.04288

同理，可得到有效磷相对产量为50%、75%、90%、95%时的丰缺指标分别是0.36、10.09、74.24、144.4。

速效钾相对产量为50%、75%、90%、95%时的丰缺指标分别是0.95、23.19、157.72、298.82。

注：相对产量的分级为：50%为极低，75%为较低，90%为较高，95%为极高。

7. 小麦最高施肥量和最佳施肥量

利用"3414"试验记录表中的 $N_0P_2K_2$ $N_1P_2K_2$ $N_2P_2K_2$ $N_3P_2K_2$；$N_2P_0K_2$ $N_2P_1K_2$ $N_2P_2K_2$ $N_2P_3K_2$；$N_2P_2K_0$ $N_2P_2K_1$ $N_2P_2K_2$ $N_2P_2K_3$ 的4个处理，并利用一元回归分析，分别求得最大施氮、磷、钾量和最佳施氮、磷、钾量。

(1)碱解氮

将"3414"试验记录表中的 $N_0P_2K_2$ $N_1P_2K_2$ $N_2P_2K_2$ $N_3P_2K_2$ 和试验地块的碱解氮含量、试验二水平的用肥量组成表11-15。

表11-15　碱解氮、试验二水平用肥量

试验地点	碱解氮(mg/kg)	2 $N_0P_2K_2$	3 $N_1P_2K_2$	6 $N_2P_2K_2$	11 $N_3P_2K_2$	N、P、K二水平用量
东平县农科所	78	405.4	500.3	535.2	548.3	14－3.5－5
大羊乡西王村	80	462.7	535.2	597.9	600.7	14－3.5－5
接山乡林马村	98	508.8	594.2	665.6	655.8	14－3.5－5
东平县良种场	105	268.8	354.2	400.2	412.2	14－3.5－5
新湖乡藏庄	72	399.4	440.9	529.7	458.9	14－3.5－5
梯门乡陈王庄	96	475.7	548.6	681.1	689.9	14－3.5－5
接山乡夏五村	68	455	508.5	619.1	606.1	14－3.5－5
彭集镇后亭村	58	540.2	579.7	662.3	684.5	14－3.5－5
接山乡夏一村	61	306.2	381	434.6	459.7	14－3.5－5
新湖乡藏庄	117	482.4	580.5	677.9	680.6	14－3.5－5
沙河站镇唐营	99	434.2	541.9	643.8	649	14－3.5－5

第一步：将二水平的倍数用肥量为横坐标，相对应的产量为纵坐标，利用散点图，把该元素各水平的点分布到Excel表中的坐标上，如图11-5所示。

0	390.7
7.5	465.4
15	538.7
22.5	541.3

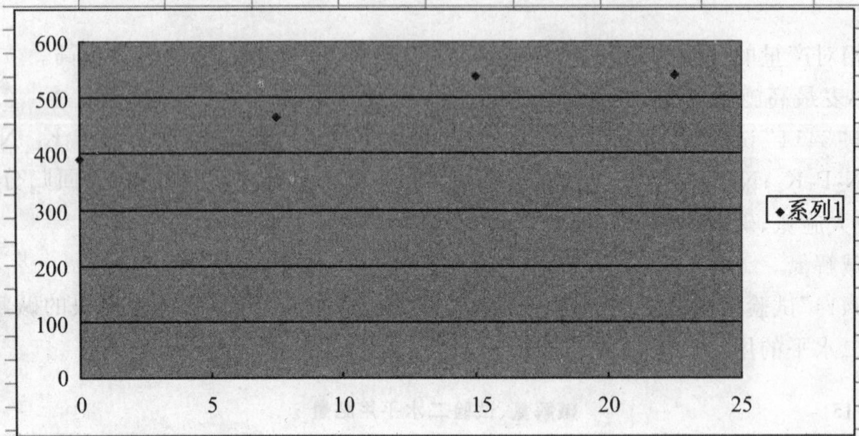

图 11-5

第二步：利用添加趋势线的方法，通过散点图添加曲线，得到各个试验点的一元回归方程（见图 11-6）。

$$y=ax^2+bx+c$$

式中，y 为作物的产量；x 为化肥养分的用量；a、b、c 为系数。

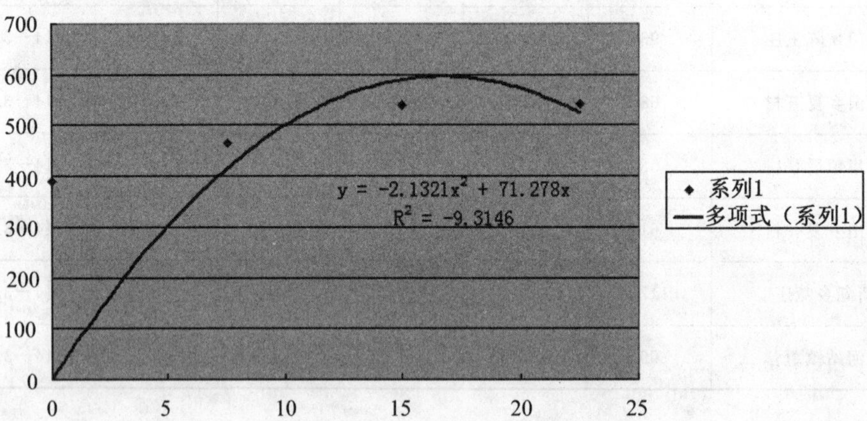

图 11-6

第三步：利用回归方程求最大施肥量和最佳施肥量。

最大施肥量：获得单位面积最高产量的施肥量，计算方法为 $dy/dx=0$。回归方程对 x 求导，等于 0，得 $x=-b/2a$。

最佳施肥量：单位面积土地获得最佳经济效益的施肥量，计算方法为 $dy/dx=Py/Px$。回归方程对 x 求导，等于相应的纯养分与作物价格的比值，得 $x=$（养分价格/作物价格－

$b)/2a$。

各点的最大施肥量和最佳施肥量进行汇总，得表 11-16。

11-16 **碱解氮**

试验地点	2 $N_0P_2K_2$	3 $N_1P_2K_2$	6 $N_2P_2K_2$	11 $N_3P_2K_2$	a	b	最大施肥量	最佳施肥量
东平县农科所	293.3	366.1	380	395.1	−1.6427	53.695	16.34352	15.734766
大羊乡西王村	263.8	351.9	408.5	428.9	(1.5)	53.0	17.26645	16.614512
接山乡林马村	395	477	512	509	−2.2278	71.804	16.11545	15.666577
东平县良种场	382	400	469	476	−1.8096	61.242	16.92142	16.368811
新湖乡藏庄	393.6	406	432.7	435.8	−1.8739	60.699	16.1959	15.662255
梯门乡陈王庄	306.3	360	405.3	408.2	−1.6508	54.648	16.55197	15.946208
接山乡夏五村	353.8	379.7	458.5	522.2	−1.4713	55.645	18.91015	18.230476
彭集镇后亭村	428.3	481.3	514.3	509.3	−2.2573	72.465	16.05126	15.608249
接山乡夏一村	264.5	348.1	362.7	357.6	−1.6432	52.131	15.86265	15.254077
新湖乡臧庄	307.3	384.9	430.5	427.9	−1.7903	58.619	16.37128	15.812713
沙河站镇唐营	390.7	465.4	538.7	541.3	−2.1321	71.278	16.71544	16.246424

注：计算最佳施肥量时的参考价格：小麦：2.0 元/kg，玉米：1.6 元/kg；纯氮：4.0 元/kg；纯磷（P_2O_5）：4.5 元/kg，K_2O：4.7 元/kg。

同理，可得到有效磷和速效钾的最大和最佳的施肥量（见表 11-17 和表 11-18）。

表 11-17 **有效磷**

试验地点	4 $N_2P_0K_2$	5 $N_2P_1K_2$	6 $N_2P_2K_2$	7 $N_2P_3K_2$	a	b	最大施肥量	最佳施肥量
东平县农科所	300.9	364.9	380	397.3	−5.7207	100.21	8.758544	8.5618893
大羊乡西王村	360.7	371.4	408.5	418.9	(5.9)	104.3	8.846885	8.6559997
接山乡林马村	401	462	512	519	−7.4128	130.59	8.808412	8.656648
东平县良种场	361	423	469	459	−7.0296	121.2	8.62069	8.4606521
新湖乡藏庄	380.2	403.4	432.7	427	−6.6711	114.15	8.555561	8.3869227
梯门乡陈王庄	352.1	360.1	405.3	405.8	5.841	102.72	8.793015	8.6004109
接山乡夏五村	411.6	398.5	458.5	511.7				
彭集镇后亭村	404.3	425	514.3	548				
接山乡夏一村	271.8	335.7	362.7	351.3	−5.6457	95.838	8.487699	8.2884319
新湖乡臧庄	330.4	397.1	430.5	432.1	−6.4526	111.98	8.677122	8.5027741
沙河站镇唐营	381.3	452.8	538.7	526.9	−7.4808	132.5	8.856005	8.7056197

表 11-18　　速效钾

试验地点	8 $N_2P_2K_0$	9 $N_2P_2K_1$	6 $N_2P_2K_2$	10 $N_2P_2K_3$	a	b	最大施肥量	最佳施肥量
东平县农科所	375.5	386.2	380	403.3				
大羊乡西王村	387.3	409.6	408.5	405.9	(27.1)	226.7	4.181453	4.1381091
接山乡林马村	452	476	512	512	−31.079	268.26	4.315776	4.277969
东平县良种场	415	463	469	481	−29.711	254.37	4.280738	4.2411901
新湖乡藏庄	367	386.2	432.7	420.7	−25.812	222.52	4.310398	4.2648768
梯门乡陈王庄	364.4	357.5	405.3	416.2				
接山乡夏五村	405.7	404	458.5	502.6				
彭集镇后亭村	453.7	478	514.3	499	−32.114	272.43	4.241608	4.2050196
接山乡夏一村	306.3	324.9	362.7	352.7	−21.718	186.99	4.304954	4.2508518
新湖乡臧庄	385.6	412.3	430.5	424.5	−27.361	231.67	4.233581	4.1906363
沙河站镇唐营	468.9	497.2	538.7	534.6	−32.68	281.58	4.30814	4.2721848

(二)玉米试验数据分析

1. 玉米田间试验数据

将 2006～2009 年玉米“3414”试验进行汇总,得表 11-19,进行相关分析。

表 11-19　　田间试验基地数据汇总表

试验地点	有机质(g/kg)	碱解氮(mg/kg)	有效磷(mg/kg)	速效钾(mg/kg)	试验类型	NPK 二水平用量	各处理产量(kg/667m²)													
							1 $N_0P_0K_0$	2 $N_0P_2K_2$	3 $N_1P_2K_2$	4 $N_2P_0K_2$	5 $N_2P_1K_2$	6 $N_2P_2K_2$	7 $N_2P_3K_2$	8 $N_2P_2K_0$	9 $N_2P_2K_1$	10 $N_2P_2K_3$	11 $N_3P_2K_2$	12 $N_1P_1K_2$	13 $N_1P_2K_1$	14 $N_2P_1K_1$
东平镇蔡村	10.7	78	12.8	125	3414	14-3.5-5	310.7	405.4	480.3	423.6	514.4	535.2	538.4	501.6	513.7	530.4	548.3	423.1	441.8	450.4
老湖镇焦铺	10.4	80	26.3	107	3414	14-3.5-5	363.7	462.7	535.2	489.7	556	597.9	615.1	554.3	564.8	626.2	600.7	478.9	492.8	552.7
沙河站小辛庄	13.7	98	29.5	109	3414	14-3.5-5	382.7	508.8	594.2	542.4	610.3	665.6	673	516.8	649.8	693.4	655.8	608.4	618.3	546.1
接山乡夏一村	11.9	105	59.5	137	3414	14-3.5-5	439.2	600.2	679.7	655.7	727.1	762.3	755.9	610.6	708	754.6	749.5	510.4	501.7	534
梯门乡陈王庄	10.4	72	8.9	132	3414	14-3.5-5	300.3	389.4	440.9	410.2	511.3	529.7	530.8	453.7	510.2	530.8	458.9	427.8	417.5	427.1
接山乡夏一村	14.2	96	16.4	119	3414	14-3.5-5	384.1	505.7	598.6	574.3	659.9	681.1	676.1	576.3	630.2	690.5	689.9	518.7	467.9	558.3
大羊乡东三旺	10.9	68	13.9	155	3414	14-3.5-5	341.6	455	508.5	499.1	594.1	619.1	625.2	564.1	588.6	606.4	606.1	527.5	488.1	556.4
东平镇孟寨	11.9	58	16.4	146	3414	14-3.5-5	221.2	298.8	354.2	335.6	368.1	400.2	406.4	350.1	389.2	403.3	412.2	370.8	316.6	332.4
梯门乡大洼村	8.1	61	10	142	3414	14-3.5-5	286	306.2	381	334.8	349.4	434.6	447.7	411.5	425.9	443.4	459.7	389.5	371.8	404.7
接山乡夏一村	12.5	117	43.7	118	3414	14-3.5-5	442.1	542.4	580.5	529.9	581	677.9	661.4	526.4	621.9	673	680.6	567.1	541.9	499.4
新湖乡王官村	14.5	99	15.6	121	3414	14-3.5-5	372	534.2	591.9	528.3	602.2	643.8	654	541.9	605.8	647.9	649	565.4	512.2	496.8

2. 玉米土壤养分利用系数

土壤养分利用系数＝缺素区作物养分吸收量/(该元素土壤测定值×0.15)

所得结果如表 11-20 所示,对于磷、钾因土测值与养分的表达形式不同,按上式计算后,还需分别再除以 2.29 和 1.20。

表 11-20　　养分利用系数表

村　名	6 $N_2P_2K_2$	碱解氮 土壤养分	2 $N_0P_2K_2$	利用系数	有效磷 土壤养分	4 $N_2P_0K_2$	利用系数	速效钾 土壤养分	8 $N_2P_2K_0$	利用系数
东平镇蔡村	535.2	78	405.4	0.866239	12.8	423.6	0.867085	125	501.6	0.445867
老湖镇焦铺	597.9	80	462.7	0.963958	26.3	489.7	0.487854	107	554.3	0.575597
沙河站小辛庄	665.6	98	508.8	0.865306	29.5	542.4	0.481741	109	516.8	0.526809
接山乡夏一村	762.3	105	600.2	0.952698	59.5	655.7	0.288738	137	610.6	0.495215
梯门乡陈王庄	529.7	72	389.4	0.901389	8.9	410.2	1.207595	132	453.7	0.381902
接山乡夏一村	681.1	96	505.7	0.877951	16.4	574.3	0.91751	119	576.3	0.538095
大羊乡东二旺	619.1	68	455	1.115196	13.9	499.1	0.940781	155	564.1	0.404373
东平镇孟寨	400.2	58	298.8	0.858621	16.4	335.6	0.536159	146	350.1	0.266438
梯门乡大洼村	434.6	61	306.2	0.836612	10	334.8	0.877205	142	411.5	0.321987
接山乡夏一村	677.9	117	542.4	0.77265	43.7	529.9	0.317708	118	526.4	0.495669
新湖乡王官村	643.8	99	534.2	0.899327	15.6	528.3	0.887303	121	541.9	0.497612

将表 11-20 中数据按产量分级，进行土壤养分利用系数汇总，得表 11-21。

表 11-21　　东平玉米土壤养分利用系数

产量分级	产量水平(kg)	氮肥	磷肥	钾肥
高	＞600	0.91	0.64	0.49
中	450～600	0.91	0.85	0.47
低	＜450	0.85	0.71	0.29

3. 玉米化肥利用率

$$化肥利用率=\frac{(全肥区产量-缺素区产量)\times 百千克产量所需肥量/100}{该元素的二水平设计施用量}$$

注：全肥区产量为 6 小区（$N_2P_2K_2$）产量，玉米百千克产量养分吸收量分别为氮(N)2.5kg；磷(P_2O_5)0.9kg；钾(K_2O)2kg。

所得结果如表 11-22 所示。

表 11-22 东平玉米土壤化肥利用率

村　名	2 $N_0P_2K_2$	4 $N_2P_0K_2$	8 $N_2P_2K_0$	6 $N_2P_2K_2$	氮肥利用率	磷肥利用率	钾肥利用率
东平镇蔡村	405.4	423.6	501.6	535.2	0.231786	0.286971	0.1344
老湖镇焦铺	462.7	489.7	554.3	597.9	0.241429	0.278229	0.1744
沙河站小辛庄	508.8	542.4	516.8	665.6	0.28	0.3168	0.5952
接山乡夏一村	600.2	655.7	610.6	762.3	0.289464	0.274114	0.6068
梯门乡陈王庄	389.4	410.2	453.7	529.7	0.250536	0.307286	0.304
接山乡夏一村	505.7	574.3	576.3	681.1	0.313214	0.274629	0.4192
大羊乡东三旺	455	499.1	564.1	619.1	0.293036	0.308571	0.22
东平镇孟寨	298.8	335.6	350.1	400.2	0.181071	0.166114	0.2004
梯门乡大洼村	306.2	334.8	411.5	434.6	0.229286	0.256629	0.0924
接山乡夏一村	542.4	529.9	526.4	677.9	0.241964	0.380571	0.606
新湖乡王官村	534.2	528.3	541.9	643.8	0.195714	0.297	0.4076

将表 11-22 中的数据按产量分级，进行化肥利用率汇总，得表 11-23。

表 11-23 东平玉米土壤化肥利用率汇总表

产量分级	产量水平(kg)	氮肥	磷肥	钾肥
高	>600	0.27	0.31	0.48
中	450～600	0.24	0.29	0.2
低	<450	0.21	0.21	0.15

由表 11-23 中可以看出，土力条件高的地块化肥利用率较高，反之较差。全县的化肥利用率(尤其是氮肥利用率、钾在肥力较差地块)与全国肥料利用情况相比，相对属偏低水平。因此，提高培肥地力、改善施肥结构、提高化肥利用率、节约资源势在必行。

4. 玉米地力产量贡献率

地力产量贡献率＝无肥区产量×100/全肥区产量

用来衡量土壤肥力对作物产量的贡献(见表 11-24)。

表 11-24 东平玉米地力产量贡献率

村　名	1 $N_0P_0K_0$	6 $N_2P_2K_2$	贡献率
东平镇蔡村	310.7	535.2	58.05306
老湖镇焦铺	363.7	597.9	
沙河站小辛庄	382.7	665.6	57.497
接山乡夏一村	439.2	762.3	57.61511
梯门乡陈王庄	300.3	529.7	56.69247
接山乡夏一村	384.1	681.1	56.39407

续表

村　名	1 $N_0P_0K_0$	6 $N_2P_2K_2$	贡献率
大羊乡东三旺	341.6	619.1	55.17687
东平镇孟寨	221.2	400.2	55.27236
梯门乡大洼村	286	434.6	
接山乡夏一村	442.1	677.9	65.21611
新湖乡王官村	372	643.8	57.78192

按照产量分级进行汇总，如表 11-25 所示。

表 11-25　　东平玉米地力产量贡献率汇总表

产量分级	产量水平(kg)	贡献率
高	＞600	58.3
中	450～600	57.4
低	＜450	55.3

5. 玉米平衡施肥增产率

平衡施肥增产率为全肥区较习惯施肥区增产量占习惯施肥区产量的百分比(%)。

平衡施肥增产率＝(全肥区产量—习惯施肥区产量)/习惯施肥区产量×100%

对平衡施肥增产表进行处理得到表 11-26。

表 11-26　　东平玉米平衡施肥增产率

序号	土壤类型	有机质(g/kg)	碱解氮(mg/kg)	有效磷(mg/kg)	速效钾(mg/kg)	各处理产量(kg/667m^2)			衡施肥增产率
						习惯施肥	平衡施肥一	平衡施肥二	
1	褐土	12	98	12.4	109	485	548	536.4	10.59794
2	褐土	11.5	90	13.1	115	473.5	534.1	524.63	10.79831
3	潮土	9.8	78	10	87	534	604.4	601.3	12.603
4	褐土	10.2	86	9.2	85	542	592	589	8.671587
5	潮土	11	82	9.2	100	482	544	542.7	12.59336
6	褐土	7.3	71	16.9	118	447.9	508.5	506.9	13.17258
7	褐土	11.5	68	5.7	150	478.1	504.1	503.2	5.249948
8	褐土	17.6	58	38.6	90	485.2	554.5	544.1	12.13932
9	潮土	14	58	16.4	97	437.1	485.7	473.5	8.327614
10	褐土	20.0	71	19.5	100	584	674	640	9.589041
11	褐土	3.2	58	12.9	140	463	524	507	9.50324
12	褐土	7.3	47	6.9	101	402	456	447	11.19403
13	潮土	13.5	74	24.9	102	582	652	618	6.185567
14	褐土	12.8	97	22.2	74	495	568	544	9.89899

6. 玉米土壤养分丰缺指标

(1)碱解氮

首先对不同试验点的一种养分土壤测定值与相对产量进行配对(见表 11-27)。

相对产量=100×缺素区产量/全肥区产量

表 11-27 碱解氮丰缺指标

村 名	6 $N_2P_2K_2$	有效磷 (mg/kg)	相对产量
东平镇蔡村	535.2	12.8	79.14798
老湖镇焦铺	597.9	26.3	81.90333
沙河站小辛庄	665.6	29.5	81.49038
接山乡夏一村	762.3	59.5	86.016
梯门乡陈王庄	529.7	8.9	77.44006
接山乡夏一村	681.1	16.4	84.31948
大羊乡东三旺	619.1	13.9	80.61702
东平镇孟寨	400.2	16.4	83.85807
梯门乡大洼村	434.6	10	77.03636
接山乡夏一村	677.9		
新湖乡王官村	643.8	15.6	82.05965

在 Excel 表中对配对数据进行分析，采用添加趋势线的方法，可出相对产量和土壤测定值二者对数函数关系。

$$y=a\ln x+b$$

其中，y 为相对产量；x 为土壤速效养分含量；a、b 为函数关系系数。

第一步：将表 11-27 在 Excel 表中利用添加趋势线的方法，通过散点图将各试验点转移到 Excel 表中，建立土壤速效养分含量和相对含量相对应坐标关系(见图 11-7 和图 11-8)。

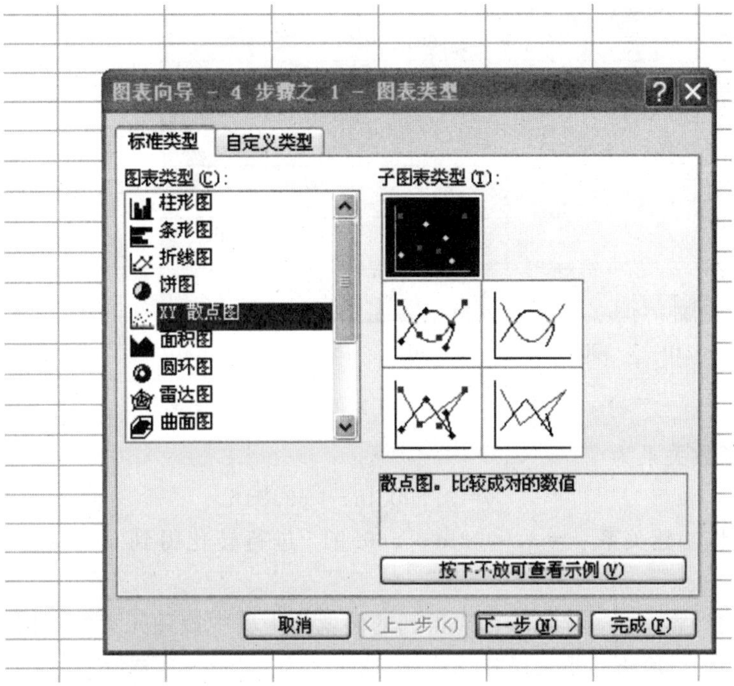

图 11-7

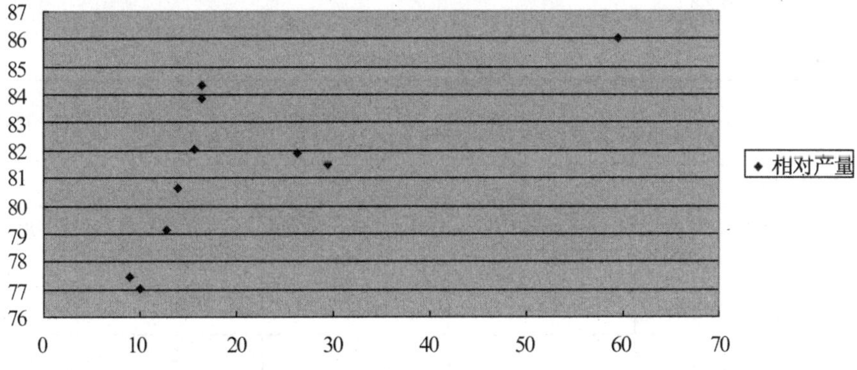

图 11-8

第二步：利用添加趋势线的方法，通过散点图添加曲线，得到该养分的一元回归方程（见图 11-9）。

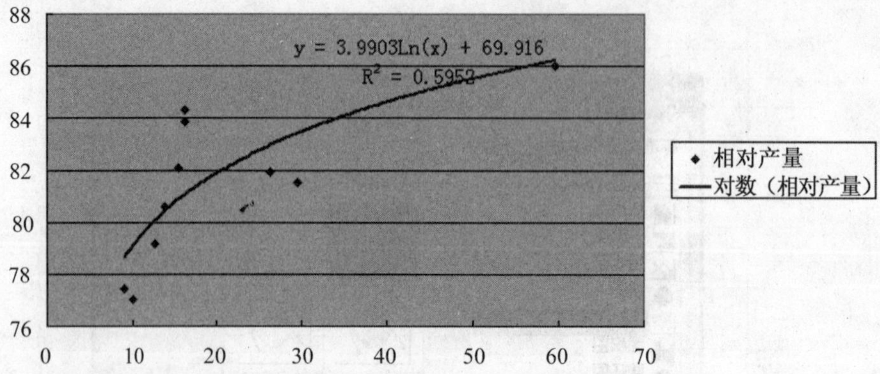

图 11-9

氮肥的函数关系为

$$y=3.9903\ln x+69.916$$

第三步：将函数关系 $y=3.9903\ln x+69.916$ 进行转化得到 $x=\exp[(y-69.916)/6.9903]$。

通过上式计算 $y=50$、75、90、95，得到的值就是土壤中该种元素的不同相对产量的丰缺指标，分别是 0.0068、3.58、153.42、537.13。

(2)有效磷和速效钾

同理将下面两组有效磷和速效钾的配对进行分析，可以得到它们对应的丰缺指标（见表 11-28 和表 11-29）。

表 11-28 有效磷丰缺指标

村　名	4 小区产量 ($N_2P_0K_2$)	6 小区产量 ($N_2P_2K_2$)	土壤有效磷测定值	相对产量
东平镇蔡村	423.6	535.2	12.8	79.14798
老湖镇焦铺	489.7	597.9	26.3	81.90333
沙河站小辛庄	542.4	665.6	29.5	81.49038
接山乡夏一村	655.7	762.3	59.5	86.016
梯门乡陈王庄	410.2	529.7	8.9	77.44006
接山乡夏一村	574.3	681.1	16.4	84.31948
大羊乡东三旺	499.1	619.1	13.9	80.61702
东平镇孟寨	335.6	400.2	16.4	83.85807
梯门乡大洼村	334.8	434.6	10	77.03636
接山乡夏一村	529.9	677.9		
新湖乡王官村	528.3	643.8	15.6	82.05965

表 11-29 速效钾丰缺指标

村　名	8 小区产量($N_2P_2K_0$)	6 小区产量($N_2P_2K_2$)	相对产量
东平镇蔡村	501.6	535.2	93.72197
老湖镇焦铺	554.3	597.9	92.70781
沙河站小辛庄	516.8	665.6	77.64423
接山乡夏一村	610.6	762.3	80.0997
梯门乡陈王庄	453.7	529.7	85.65226
接山乡夏一村	576.3	681.1	84.61313
大羊乡东三旺	564.1	619.1	91.11614
东平镇孟寨	370.1	400.2	92.47876
梯门乡大洼村	411.5	434.6	94.68477
接山乡夏一村	526.4	677.9	77.65157
新湖乡王官村	541.9	643.8	84.1721

同理，可得到碱解氮相对产量 50%、75%、90%、95%时的丰缺指标分别是 12.47、77.88、233.75、337.18。

速效钾相对产量 50%、75%、90%、95%时的丰缺指标分别是 24.44、75.10、147.27、184.34。

注：相对产量的分级为：50%为极低、75%为较低、90%为较高、95%为极高。

7. 玉米最高施肥量和最佳施肥量

利用“3414”试验记录表中的 $N_0P_2K_2$ $N_1P_2K_2$ $N_2P_2K_2$ $N_3P_2K_2$；$N_2P_0K_2$ $N_2P_1K_2$ $N_2P_2K_2$ $N_2P_3K_2$；$N_2P_2K_0$ $N_2P_2K_1$ $N_2P_2K_2$ $N_2P_2K_3$的四个处理，利用一元回归分析，分别求得最大施氮、磷、钾量和最佳施氮、磷、钾量。

将“3414”试验记录表中的 $N_0P_2K_2$ $N_1P_2K_2$ $N_2P_2K_2$ $N_3P_2K_2$ 和试验地块的碱解氮含量、试验二水平的用肥量组成表 11-30。

表 11-30 氮肥

村　名	碱解氮 (mg/kg)	各小区产量(kg)				N、P、K 二水平用量肥量
		2 $N_0P_2K_2$	3 $N_1P_2K_2$	6 $N_2P_2K_2$	11 $N_3P_2K_2$	
东平镇蔡村	78	405.4	500.3	535.2	548.3	14—3.5—5
老湖镇焦铺	80	462.7	535.2	597.9	600.7	14—3.5—5
沙河站小辛庄	98	508.8	594.2	665.6	655.8	14—3.5—5
接山乡夏一村	105	540.2	679.7	762.3	749.5	14—3.5—5
梯门乡陈王庄	72	399.4	440.9	529.7	458.9	14—3.5—5
接山乡夏一村	96	475.7	548.6	681.1	689.9	14—3.5—5
大羊乡东三旺	68	455	508.5	619.1	606.1	14—3.5—5

续表

村 名	碱解氮 (mg/kg)	各小区产量(kg)				N、P、K 二水平用量肥量
		2 $N_0P_2K_2$	3 $N_1P_2K_2$	6 $N_2P_2K_2$	11 $N_3P_2K_2$	
东平镇孟寨	58	268.8	354.2	400.2	412.2	14—3.5—5
梯门乡大洼村	61	306.2	381	434.6	459.7	14—3.5—5
接山乡夏一村	117	482.4	580.5	677.9	680.6	14—3.5—5
新湖乡王官村	99	434.2	541.9	643.8	649	14—3.5—5

第一步：将二水平的倍数用肥量为横坐标，相对应的产量为纵坐标，利用散点图，把该元素各水平的点分布到 Excel 表中的坐标上，如图 11-10 所示。

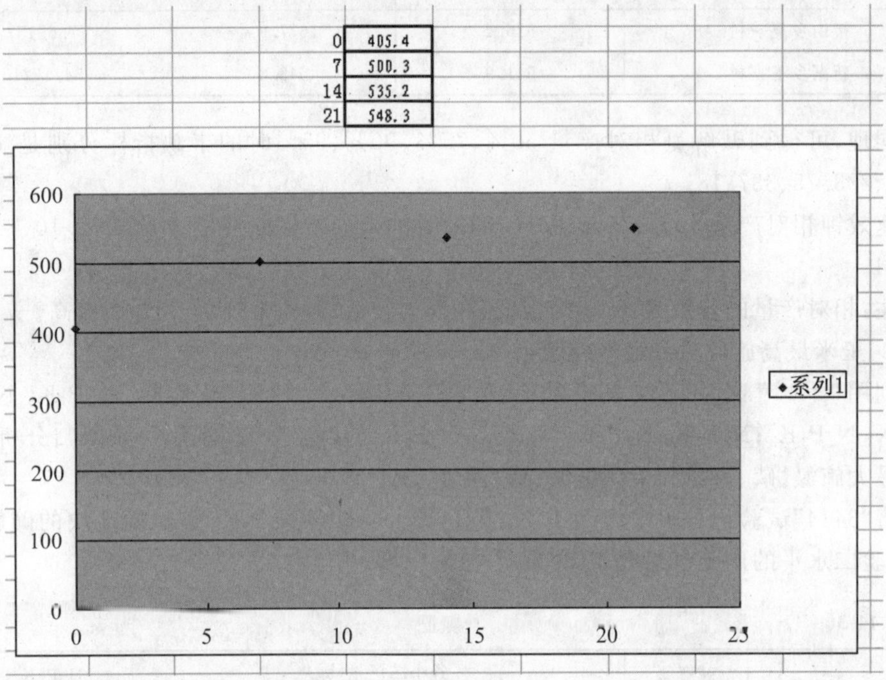

图 11-10

第二步：利用添加趋势线的方法，通过散点图添加曲线，得到各个试验点的一元回归方程(见图 11-11)。

$$y=ax^2+bx+c$$

其中，y 为作物的产量；x 为化肥养分的用量；a、b、c 为系数。

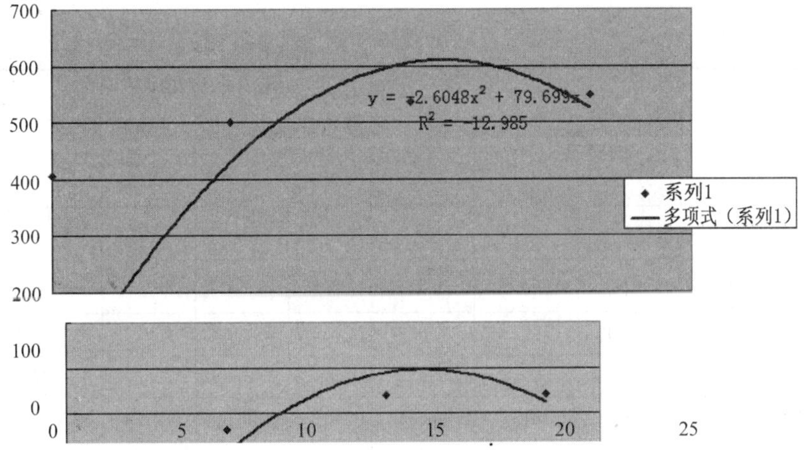

图 11-11

第三步：利用回归方程求最大施肥量和最佳施肥量。

最大施肥量：获得单位面积最高产量的施肥量，计算方法为 $dy/dx=0$，回归方程对 x 求导，等于 0，得 $x=-b/2a$。

最佳施肥量：单位面积土地获得最佳经济效益的施肥量，计算方法为 $dy/dx=P\ y/P\ x$。回归方程对 x 求导，等于相应的纯养分与作物价格的比值，得 $x=$(养分价格/作物价格－b)/$2a$。

对各点的最佳施肥量和最大施肥量进行汇总，得表 11-31。

表 11-31　　　　碱解氮

村　名	各小区产量(KG)								
	2 $N_0P_2K_2$	3 $N_1P_2K_2$	6 $N_2P_2K_2$	11 $N_3P_2K_2$	N、P、K 二水平用量	a	b	最大施肥量	最佳施肥量
东平镇蔡村	405.4	500.3	535.2	548.3	14-3.5-5	－2.6084	79.699	15.27737	14.79815
老湖镇焦铺	462.7	535.2	597.9	600.7	14-3.5-5	－2.8271	86.94	15.37618	14.93403
沙河站小辛庄	508.8	594.2	665.6	655.8	14-3.5-5	－3.2002	97.326	15.20624	14.81564
接山乡夏一村	540.2	679.7	762.3	749.5	14-3.5-5	－3.6679	111.46	15.19398	14.85319
梯门乡陈王庄	399.4	440.9	529.7	458.9	14-3.5-5	－2.6624	77.28	14.51322	14.04372
接山乡夏一村	475.7	548.6	681.1	689.9	14-3.5-5	－2.8326	91.604	16.1696	15.72831
大羊乡东三旺	455	508.5	619.1	606.1	14-3.5-5	－2.7334	85.596	15.65742	15.20012
东平镇孟寨	268.8	354.2	400.2	412.2	14-3.5-5	－1.8915	57.152	15.10759	14.44674
梯门乡大洼村	306.2	381	434.6	459.7	14-3.5-5	－1.8961	60.959	16.07484	15.41559
接山乡夏一村	482.4	580.5	677.9	680.6	14-3.5-5	－3.0523	95.533	15.64935	15.23982
新湖乡王官村	434.2	541.9	643.8	649	14-3.5-5	－2.8305	89.484	15.8071	15.36548

注：a、b 为通过前边小区产量计算所得的函数，余表改为与表 11-31 同等格式。

同理,可得到有效磷和速效钾的最大和最佳的施肥量(见表 11-32 和表 11-33)。

表 11-32 有效磷

村 名	4 $N_2P_0K_2$	5 $N_2P_1K_2$	6 $N_2P_2K_2$	7 $N_2P_3K_2$	NPK二水平用量	*a*	*b*	最大施肥量	最佳施肥量
东平镇蔡村	423.6	514.4	535.2	538.4	14-3.5-5	−43.776	327.6	3.741776	3.709653
老湖镇焦铺	489.7	556	597.9	615.1	14-3.5-5	−46.086	354.21	3.842924	3.81241
沙河站小辛庄	542.4	610.3	665.6	673	14-3.5-5	−51.395	392.93	3.822648	3.795287
接山乡夏一村	655.7	727.1	762.3	755.9	14-3.5-5	−62.672	466.49	3.721678	3.69924
梯门乡陈王庄	410.2	511.3	529.7	530.8	14-3.5-5	−43.692	325.72	3.727456	3.69527
接山乡夏一村	574.3	659.9	681.1	676.1	14-3.5-5	−56.909	421.41	3.70249	3.677779
大羊乡东三旺	499.1	594.1	619.1	625.2	14-3.5-5	−50.364	377.98	3.752482	3.72456
东平镇孟寨	335.6	368.1	400.2	406.4	14-3.5-5	−30.875	236.4	3.82834	3.782794
梯门乡大洼村	334.8	349.4	434.6	447.7	14-3.5-5	−28.278	231.81	4.098769	4.04904
接山乡夏一村	529.9	581	677.9	661.4	14-3.5-5	−50.368	386.7	3.838747	3.810827
新湖乡王官村	528.3	602.2	643.8	654	14-3.5-5	−50.6	384.092	3.795375	3.767584

表 11-33 速效钾

村 名	8 $N_2P_2K_0$	9 $N_2P_2K_1$	6 $N_2P_2K_2$	10 $N_2P_2K_3$	NPK二水平用量	*a*	*b*	最大施肥量	最佳施肥量
东平镇蔡村	501.6	513.7	535.2	530.4	14-3.5-5	−0.676	9.386	6.942308	4.769601
老湖镇焦铺	554.3	564.8	597.9	626.2	14-3.5-5				
沙河站小辛庄	516.8	649.8	665.6	693.4	14-3.5-5	−4.208	53.384	6.343156	5.994118
接山乡夏一村	610.6	708	762.3	754.6	14-3.5-5	−4.204	50.982	6.063511	5.714141
梯门乡陈王庄	453.7	510.2	529.7	530.8	14-3.5-5	−2.216	26.652	6.013538	5.350745
接山乡夏一村	576.3	630.2	681.1	690.5	14-3.5-5	−1.78	29.09	8.171348	7.346208
大羊乡东三旺	564.1	588.6	619.1	606.4	14-3.5-5	−1.488	17.456	5.865591	4.878528
东平镇孟寨	370.1	389.2	400.2	403.3	14-3.5-5	−0.64	9.224	7.20625	4.911328
梯门乡大洼村	411.5	425.9	434.6	443.4	14-3.5-5				
接山乡夏一村	526.4	621.9	677.9	673	14-3.5-5	−4.016	49.052	6.107072	5.741347
新湖乡王官村	541.9	605.8	643.8	647.9	14-3.5-5	−2.392	32.18	6.726589	6.112563

四、结论

施肥指标体系是一个综合的复杂系统,它的建立是一项长期复杂的工作,包括土样从采集到化验、田间试验的实施到实验数据的室内分析、材料从收集到整理等,需要多人配合,历时多年才能完成的一项系统工程。东平县施肥指标体系的建设从 2006 年开始到

2010年基本建立，采集土样8843个，化验样次61380个，基本摸清了全县土壤的基本情况。全县土壤主要分褐土和潮土两类，以大清河为界分为两大区域，大清河以南以潮土为主，平原地貌，土地相对肥沃，有机质、有效磷和碱解氮的含量较高，钾含量相对稍低，大清河以北以褐土为主，山区和丘陵较多，速效钾相对丰富。土壤养分不平衡，特别是近几十年来农民种植习惯不同，村与村之间、户与户之间的土壤养分状况差别越来越大，通过近几年对作物的"3414"田间试验和肥料效应对比试验的调查研究，可以看出全县土壤利用系数低、化肥利用率极不平衡。针对这一情况，根据平衡施肥原理，结合试验给出的东平县小麦、玉米的丰缺指标和最佳施肥量，把土壤有效养分含量、作物的需肥规律、作物的养分需要量以及土壤水分条件、地力条件、施肥方式作为辅助性指标，初步总结出了东平县小麦、玉米等作物相对合理科学的配方，建立了施肥指标体系。

(一)小麦施肥指标

小麦是全县主要的农作物之一，是本县栽植面积最大的农作物，是一种需肥较多的作物，在一般栽培条件下，每100kg小麦需要吸收氮、磷、钾的数量分别是2.8kg、1kg和2.4kg。

小麦对氮、磷、钾的吸收量，随着品种的特性、栽培技术、土壤、气候变化而有所变化。产量要求越高，吸收的养分总量也随之增多。小麦在不同生育期，对养分的吸收数量和比例是不同的。因此，在小麦苗期，应有适量的氮素营养和一定的磷、钾肥，促使幼苗早分蘖、早发根，培育壮苗。拔节到开花是小麦一生吸收养分最多的时期，需要较多的氮、钾营养，以巩固分蘖成穗，促进壮秆、增粒。抽穗、扬花之后应保持足够的氮、磷营养，以防脱肥早衰，促进光合作用的转化和运输，促进小麦籽粒灌浆饱满，增加粒重。目前，在全县大力推广氮肥后移延衰高产栽培技术，改变了过去农民传统的施肥方式。

通过对"3414"试验的汇总分析，从氮、磷、钾三元肥效试验结果可以看出：一般高产田氮肥亩施用量为16～18kg、磷肥亩施用量为8～10kg、钾肥亩施用量为4～5kg；中低产田一般氮肥亩施用量为13～16kg、磷肥亩施用量为7～9kg、钾肥亩施用量为1.0～4.5kg。当北部山区，产田很低，速效钾含量超过100时，可以不施钾肥。具体的推荐施肥量如表11-34所示。

表11-34　　东平县小麦不同生产条件下的推荐施肥量

目标产量 ($kg/667m^2$)	推荐施肥量($kg/667m^2$)						
	N	P_2O_5			K_2O		
		土壤有效磷(mg/kg)			土壤速效钾(mg/kg)		
		<15	15～30	>30	<90	90～140	>140
350	10～12	5	3	2	4	0	0
400	13～16	9	8	7	6	3	0
500	16～18	10	9	8	7	5	3

（二）小麦施肥指导意见

1. 存在问题

根据对全县农户施肥情况的调查，农民盲目施肥、过量施肥现象依然严重，重氮肥、轻磷、钾肥，重无机肥，轻有机肥，有机肥用量明显不足，锌等微量元素缺乏，土壤板结，透气性差，肥料利用率下降。

2. 施肥原则

依据土壤肥力水平，适当调整氮、磷、钾肥用量。彭集、沙河站、州城、东平镇南部注意适当减磷增钾。

增施有机肥，实施玉米秸秆还田，提倡有机肥、无机肥配合施用。

深松打破犁底层，促进根系发育，提高水肥效率。

氮肥分期施用，适当增加生育中后期的氮肥施用比例。

依据土壤钾素状况，高效施用钾肥；注意锌等微量元素的配合施用。

肥料施用与高产优质栽培技术相结合。

3. 施肥建议

亩产500kg以上条件下：氮肥(N)16～18kg/667m^2，磷肥(P_2O_5)9～10kg/667m^2，钾肥(K_2O)6～7kg/667m^2。

亩产400～500kg条件下：氮肥(N)13～16kg/667m^2，磷肥(P_2O_5)7～8kg/667m^2，钾肥(K_2O)5～6kg/667m^2；

亩产400kg以下条件下：氮肥(N)10～12kg/667m^2，磷肥(P_2O_5)4～5kg/667m^2，钾肥(K_2O)2～3kg/667m^{2}或者不施。

4. 肥料运筹

若基肥施用了有机肥，可酌情减少化肥用量。对于缺锌土壤，可基施硫酸锌1～2kg/667m^2。磷、钾肥全部作基肥。高产田(500kg以上)，氮肥总量的1/3作基肥施用，2/3作为追肥在拔节期施用。中产田(400～500kg)，氮肥作基肥、追肥的比例可各占一半。低产田及旱薄地，可适当加重基肥比例，各乡镇可根据当地土壤肥力水平，结合已经发放的施肥建设卡来科学制定施肥指导方案。

（三）玉米施肥指标

玉米是高产作物，对氮、磷、钾的吸收量随产量水平的提高而增多，一生中吸收的养分以氮最多、钾次之、磷较少。一般每生产100kg籽粒，吸收氮2.55kg、磷0.98kg、钾2.49kg，氮、磷、钾比例为2.5∶0.9∶2.0，在超高产条件时，每生产100kg籽粒吸收氮3.5kg、磷1.5kg、钾3.5kg。只追施氮肥，忽视磷、钾肥，营养元素比例失调，尤其是“一炮轰”的施肥方式，造成了肥料流失，降低了肥料利用率，影响了产量的提高。要获得更高的产量，还需追施穗肥和粒肥。汇总“3414”试验中氮、磷、钾三元肥效试验结果可以看出：一般高产田氮肥亩施用量为15～17kg，磷肥亩施用量为3.5～4.5kg，钾肥亩施用量为5～8kg，中低产田一般氮肥亩施用量为13～15kg，磷肥亩施用量为2.5～4kg，钾肥亩施用量为1.0～5.5kg。当北部山区，产田很低，速效钾含量超过100时，可以不施钾肥。具体的推荐施肥量如表11-35所示。

表 11-35 东平县玉米不同生产条件下的推荐施肥量

<table>
<tr><td rowspan="4">目标产量
(kg/667m²)</td><td colspan="7">推荐施肥量(kg/667m²)</td></tr>
<tr><td rowspan="3">N</td><td colspan="3">P_2O_5</td><td colspan="3">K_2O</td></tr>
<tr><td colspan="3">土壤有效磷(mg/kg)</td><td colspan="3">土壤速效钾(mg/kg)</td></tr>
<tr><td><15</td><td>15～30</td><td>>30</td><td><90</td><td>90～140</td><td>>140</td></tr>
<tr><td>400</td><td>14</td><td>3</td><td>2</td><td>0</td><td>0</td><td>0</td><td>0</td></tr>
<tr><td>550</td><td>16</td><td>4</td><td>3</td><td>2</td><td>6</td><td>5</td><td>3</td></tr>
<tr><td>650</td><td>18</td><td>5</td><td>4</td><td>3</td><td>8</td><td>7</td><td>6</td></tr>
</table>

(四)玉米施肥指导意见

1. 存在问题

氮肥一次性施肥量较大,存在着“一炮轰”现象,易造成后期脱肥,肥料利用率极低。

磷、钾肥施用时期和方式不合理,没有充分发挥磷、钾肥后效。

有机肥施用量较少,秸秆还田比例较低。

耕层过浅,影响根系发育,易旱、易倒伏。

2. 施肥原则

氮肥分次施用,磷酸二铵作种(口)肥,适当降低基肥用量,充分利用磷、钾肥后效。

有效钾含量高、产量水平低的地块在施用有机肥的情况下,可以少施或不施钾肥。

土壤 pH 高、高产地块和缺锌的土壤注意施用锌肥。

增加有机肥用量,加大秸秆还田力度。

深松打破犁底层,促进根系发育,提高水肥效率。

3. 施肥建议

目前,东平县土肥站从 2006 开始对全县采集的土样进行化验,通过对大量元素的化验分析可知,全县土壤氮肥处于缺乏状态,磷肥为中等偏上(州城、沙河站、彭集较高),钾肥处于中等水平(州城、沙河站、彭集、东平镇偏低,商老庄较高)。对不同产量水平的玉米施肥提出分类指导建议,各乡镇可根据化验结果酌情调整化肥用量(若基肥施用了有机肥,可酌情减少化肥用量)。

产量水平 500kg/667m² 以下:氮肥(N)13～14kg/667m²,磷肥(P_2O_5)2～3 kg/667m²,钾肥(K_2O)0～3kg/667m²。

产量水平 500～650kg/667m²:氮肥(N)14～16kg/667m²,磷肥(P_2O_5)3～4 kg/667m²,钾肥(K_2O)5～6kg/667m²。

产量水平 650kg/667m² 以上:氮肥(N)16～18kg/667m²,磷肥(P_2O_5)4～5 kg/667m²,钾肥(K_2O)7～8kg/667m²。

第四节 东平县花生分区施肥指导意见

一、基本概况

花生为豆科作物,是主要油料品种之一,全国各地均有种植,主要分布于辽宁、山东、河北、河南、江苏、福建、广东、广西、贵州、四川等地区。花生是我省主要的油料作物，是农业经济发展和人民生活不可缺少的经济作物，在农业生产中占有重要地位。花生种子含油45%～55%，少数品种可达60%左右，蛋白质含量为25%～30%。花生油是80%不饱和脂肪酸与20%饱和脂肪酸的甘油酯混合物，脂肪酸、油酸占33.3%～61.3%，亚油酸占18.5%～47.5%，品质优良，气味清香。除供食用外，在印染、造纸工业上可用作乳化剂，在纺织工业上用作润滑剂，机械制造工业上用作淬火剂。榨油后的副产品花生饼可加工成脱脂蛋白粉，经膨化处理可制成花生蛋白肉。另外，花生种子可炒制、油炸或做花生糖、花生酥等糖果糕点以及花生酱。茎叶为优质饲料。荚壳可作黏胶的原料，经干馏、水解可得到醋酸、醋石和活性炭等10多种产品。种皮可入药，对多种出血性疾病有止血作用。

花生是本县的主要经济作物之一，花生种植以麦垄套种为主，2009年种植面积达到66500($667m^2$)，2009年全县平均单产为291kg，总产量达到1.8299×10^7kg。主要集中在彭集镇和沙河站镇。目前，彭集镇国家级花生标准化示范区单产由320kg增加到400kg，产品各项质量指标均达到无公害产品标准，有多家花生深加工企业，产品远销全国各地。

二、种植区土壤基本情况

（一）土壤基本状况

彭集镇和沙河站镇位于大清河沿岸的冲积平原区，土壤类型为潮土，地势平坦，土体深厚，通气透水，土质松软，肥沃度高，潜水埋藏浅，表土返潮明显，其成土母质为河流冲积物，主要由大汶河沉积物和湖积物形成。沙河站镇、彭集镇多为砂壤土和轻壤土，土壤质地好，耕性好，极适宜种植花生。

（二）土壤养分状况

开展测土配方施肥项目以来，东平县花生主产区的土壤养分状况已经基本掌握，同时，通过耕地地力评价工作，这一区域的等级划分总的情况是：彭集镇地理位置主要集中在大清河以南、105国道东部，以三级地为主，占65%；其次是二级地，占30%；一级地较少，占到5%。105国道以西的部分耕地一级地较多，土质较好。

沙河站镇地理位置与彭集相邻，主要集中在大清河以南、105国道以西，东平县南端，与汶上县接壤，以一级地为主，占到总面积的70%以上，其次是二级地。

彭集镇与沙河站镇土壤养分状况比较如表11-36所示。

表11-36　东平彭集镇与沙河站镇土壤养分状况

项目 / 平均值	有机质(g/kg)	碱解氮(mg/kg)	有效磷(mg/kg)	速效钾(mg/kg)	有效钼(mg/kg)	有效硼(mg/kg)
彭集镇	10.80	56.10	45.50	84.65	0.16	0.33
沙河站镇	13.12	79.76	51.90	105.96	0.17	0.48

彭集镇、沙河站镇的土壤化验结果显示，有机质含量分别为最高21.6g/kg、23.8 g/kg，最低3.4g/kg、3.8g/kg，平均为10.80g/kg、13.12g/kg；碱解氮含量分别为最高174mg/kg、107mg/kg，最低21mg/kg、14mg/kg，平均为56.10mg/kg、79.76 mg/kg；

有效磷含量分别为最高 96.0mg/kg、102.0mg/kg，最低 12.1mg/kg、10.8mg/kg，平均为 45.50mg/kg、51.90mg/kg。速效钾分别为最高 200mg/kg、163mg/kg，最低 62mg/kg、57mg/kg，平均为 84.65mg/kg、105.96mg/kg。微量元素钼、硼平均值分别为 0.165 mg/kg、0.405mg/kg。

数据表明全县花生生产区土壤状况整体较好，土壤多为砂壤土与轻壤土，土壤供肥力好。但养分分布不均，结构不合理，这是在农业生产上需要注意改善的地方。

彭集镇与沙河站镇相比，沙河站耕地地力水平较高，彭集地力水平一般。彭集土壤养分状况相对较低。两个乡镇共同的特点是有效磷丰富，但速效钾含量偏低，其中彭集镇在全县平均最低。对花生生长比较重要的微量元素中，钼和硼含量都处于中等偏下水平。

三、花生需肥规律

花生是需肥较多的作物。花生全生育期对氮、磷、钾、钙、铁等元素的吸收量均较大。每生产 100kg 干果需氮(N)4.5～6kg，磷(P_2O_5)0.8～1.3kg，钾(K_2O)3～4.5kg，钙(Ca)1.3～1.9kg，铁 0.16kg。花生对各种物质的吸收随生长发育阶段不同而不同，幼苗期对氮、磷、钾的吸收较少，花针期开始显著增加，结果期达到高峰，荚果成熟后，对各种养分的吸收显著减少。花生对氮、磷的吸收最高峰在结荚期，对钾吸收的高峰比氮、磷早，一般在花针期。花生吸收的氮素大部分来自根瘤菌的固氮作用，约占 70%，增施磷肥可以促进根瘤菌的共生固氮，钾肥对花生的生长发育和根瘤菌的共生固氮也具有促进作用，但单施钾肥增产效果不明显，与磷肥配合使用效果明显。花生对中微量元素钙、硼、钼、铁较为敏感，在花生下针期增施硼肥增产作用十分明显。钼和铁是根瘤菌内的钼铁蛋白的合成原料，对固氮过程有着重要作用。钙能促进花生体内蛋白质和酰胺的合成，减少空秕率，增加荚果饱满度。

四、花生分区施肥方案

(一)原则

根据花生需肥特点，合理选用各种肥料配合施用，可提高花生产量和改善品质。花生施肥应以有机肥为主、无机肥为辅。有机肥养分全，能增加土壤团粒结构，改善土壤理化性质，并有益于根瘤菌活动，增加氮素来源。有机与化学肥料配合施用可减少无机肥料的流失和固定。在施肥时期上应以基肥为主，适当追肥。在施足基肥的情况下，应根据花生生长情况，用速效肥料适时适量追施。主要措施是加大秸秆还田力度，增施有机肥，

(二)分区施肥意见

花生测土配方施肥在东平试验还较少，根据以往种植经验和专家意见，结合两个乡镇不同的养分状况，制定了推荐施肥量(见表 11-37)。

表 11-37　　不同区域不同产量水平花生建议施肥量

目标产量（kg/667m²）	乡镇	推荐施肥量（kg/667m²）						
		N	K_2O 土壤钾（mg/kg）			P_2O_5 土壤有效磷（mg/kg）		
			＜70	70～100	＞100	＜10	10～30	＞30
＜200	彭集	6～7	6	4.0	0	5.0	4.0	3.0
	沙河站	5～6	5	4	0			
200～300	彭集	7～8	7	6	3	6～7	5～6	4
	沙河站	6～7	6	5	0			
＞300	彭集	8～9	8	6	5	8	6～7	5
	沙河站	7～8	7.0	6	5			

施肥过程中，都要注重提高钾肥的施用量，适当降低磷肥施肥量，增加微量元素的施入量，特别是钼肥与硼肥的施用。

五、施肥方法

施足基肥：基肥包括底肥和种肥。在播种前结合耕地施入的肥料叫底肥，播种开沟或开穴集中施用的肥料为种肥。底肥和种肥是苗壮、花旺、果多、果饱的基础。花生基肥很重要。因花生前期根瘤菌固氮能力弱，中后期果针已入土，肥料很难施入，充足的基肥可满足花生全生育期对养分的供应，花生基肥应占总肥料的80%以上，以有机肥料为主，配合施氮、磷、钾等肥料。具体施法随施肥种类和数量而异。一般亩施腐熟优质农家肥1500～2000kg，选择适宜比例的氮、磷、钾肥拌匀后作基肥。如果是套种花生，可在花生生长早期追施。此外，用0.2%～0.3%钼酸铵或0.01%～0.1%硼酸水溶液拌种或浸种，可补充花生所需的微量元素。

起苗肥：花生苗期需肥较少，但对基肥施用不足或未施基肥的夏播花生，把花生配方肥施入总量的80%，同时结合好中耕。对于基肥施用充足且地力肥沃的田块，可以不再追施肥料。

花针肥；花生在花针期需肥较多。此期养分不足，会造成植株发育不良，应及时追肥。一般每亩追施配方肥总量的20%，促使花生多开花，多下针，多结果。

饱果期：花生结荚期是需肥量最多的时期，如果肥力不足，直接影响植株干物质的积累和果针、荚果的发育，出现早衰。应在封行之前进行追肥。此期追肥应以磷肥为主，补充少量氮肥，一般每亩用尿素200g、磷酸二氢钾150g、硼砂50g兑水60kg进行叶面喷施，连续喷施2次，间隔10天喷一次。但土壤肥力偏高和花针期追肥过多，就会引起植株徒长，过早封行，田间郁闭，果针不能入土，降低结果率。

此外，花生对钼较敏感，苗期和盛花期喷施0.1%～0.2%的钼酸铵溶液，可促进结果增产和根瘤固氮；也可以每亩用2g钼酸铵（配成0.1%～0.2%的溶液）拌种。

第五节 大蒜施肥技术

近年来，东平县大蒜种植形成了一定的规模，在斑鸠店镇大蒜批发市场的带动下，斑鸠店镇、银山镇、戴庙乡、旧县乡等乡镇大蒜种植面积发展到50000($667m^2$)。该区域适宜大蒜生长，所产大蒜个大、肉厚、质优，国内闻名。斑鸠店镇已注册“斑鸠店”牌商标，并获得了国家级无公害认证。大蒜种植为当地农民带来了较多的经济效益。下一步，将通过开展增施有机肥、配方施肥技术、生物防治、控制农药用量等措施，形成高产稳产的大蒜绿色生产基地。

一、大蒜的吸肥能力

大蒜的根系为弦线状肉质根系，属浅根系蔬菜。根系主要分布在深25cm、横展直径30cm的表土层中，对水肥反应敏感，具有喜肥、喜湿、耐肥的特点。解除休眠的蒜种，播种后5周内便可发出新根30余条，而后根长迅速增长。退母后又长出一批新根，并且根上开始发出分枝，加强土壤营养的吸收。采薹后，根系不再增长，并开始衰亡，吸收能力下降，从外界吸收的营养减少，进入自身营养的再分配和利用阶段。大蒜根毛细而少，短而弱，所以根的吸收能力较差，需加强肥水管理。

二、不同生育期的吸肥动态

大蒜萌芽所需的各种营养由种瓣提供，根系主要起吸收水分的作用。此期生长量小，生长期短，消耗的营养量也少。随着幼苗的生长，种瓣因储藏营养逐渐消耗而减重，最终干缩(农民习惯说的退母)。退母期一般在幼苗期结束前后，此时如土壤营养管理不当，植株易出现青黄不接而呈现叶片干尖，应及时施速效肥以培育壮苗。退母后的生长完全靠土壤营养供应，吸肥量明显增加。大蒜的鳞芽和花芽分化期约10天，此时新叶停止分化，生长点形成花原基，内层叶腋形成鳞芽，是生育的关键期，此时根系生长增强，加速了对土壤营养的吸收利用。

从花芽分化结束到蒜薹采收，营养生长与生殖生长并进，生长量最大，在蒜薹迅速伸长的同时，鳞茎也逐渐形成和膨大，此时是需肥水量最大和肥水管理的关键时期，根系生长和吸肥能力也达到高峰。蒜薹收获后，为鳞茎膨大期，由于采薹解除了顶端优势，根系开始衰老，吸收的养分及叶片和叶鞘中储藏的养分大量向鳞茎输送，鳞茎加速膨大和充实。此时，由于叶和根逐渐衰老，吸肥量不大，鳞茎膨大需要的营养多数来源于自身营养的再分配。

总之，大蒜不同生育期，对各种营养的吸收量是随生长量增加而增加的。不同生育期，植株体内不同营养元素水平的变化可能不同。与播种后6个半月相比，播后8个月叶片中氮减少，钙、镁、钠、锰增加，磷的水平基本一致。体内养分含量是估计作物吸肥量和确定施肥量的主要依据。

三、大蒜对各种营养的需要量

大蒜对各种营养的需要量以氮最多，钾、钙、磷、镁次之。据专家介绍，一般每生产1000kg大蒜需要氮4.5～5kg，磷1.1～1.3kg，钾4.1～4.7kg，其比例为3：1：3。因此，在充分了解大蒜的生长特点和需肥特性基础上，实行科学施肥，是实现大蒜优质高产的关键。鳞茎和花芽分化后（3月）是大蒜一生中三要素吸收量的最高峰；抽薹前（4月），微量元素铁、镁、锰吸收达到高峰；采薹后，三要素及硼的吸收量再次达到小高峰，锌的吸收量也达到高峰。

钙的吸收量超过磷。在酸性土壤中，施钙可降低土壤酸度。缺钙植株叶片上出现坏死斑，随着坏死斑的增大，叶先下弯，叶尖很快死亡。根系生长受到很大抑制，增加钙浓度可增大蒜头产量。因目前长期使用复合肥，特别是高浓度复合肥，钙素补充不足是当前生产中急需解决的重大课题。

镁是叶绿素的组成部分，缺镁引起叶片退绿，症状先在老叶基部表现，逐渐向叶尖发展，叶片最终变黄死亡。播种后45天，缺镁的植株显著矮小，但缺镁的症状一般表现较晚，在播种后30天，植株6～7片叶时才出现。增加镁的浓度可使蒜头产量急剧增加，并可促进N、P、K的吸引，但对钙的吸收有影响，随着浓度的提高，钙的吸收减少，然而，钙对镁的吸收几乎没有影响。

硫是大蒜的品质构成元素。不同来源的硫对大蒜的蒜头和蒜薹产量及商品性有不同影响。适当施硫能使蒜头增重，蒜薹增长，并使畸形薹和裂球率降低（因二次生长引起蒜头开裂），比较而言，以尿素配合硫酸铜作硫源较好。

不同形态的同一营养元素对生育和产量有不同的影响，在水培条件下，氮素形态对生育期及蒜头影响很大。大蒜是较喜硝态氮的作物，但以氨态氮配合更好，氨态氮的来源以$(NH_4)SO_4$较NH_4Cl好。

四、大蒜的施肥技术

大蒜对土壤适应性较强，除了盐碱、荒滩、沙地外都能生长，但由于根系吸收能力弱，为了达到优质高产的目的，宜种植在富含有机质、肥沃而疏松的砂壤和壤土中。砂土保肥，但保水能力弱，生产的蒜头小，辣味强；黏土壤上蒜薹虽紧实，但小而成尖形。碱地蒜瓣易腐烂而招蒜蛆，返碱倒伏；土壤过酸时，影响根系生长和矿质影响的吸收。

（一）施肥时期

基肥：大蒜根系浅、根毛少，吸肥能力弱，对基肥质量要求较高，常作基肥的农家肥有猪粪、人类尿、鸡鸭类饼肥等，结合基肥大的施用，还常施用石灰以调节土壤酸度。基肥施用与否，直接关系到大蒜蒜头的商品性及植株的越冬性能。通常配合有机肥作基肥的以氮、磷、钾复混肥或控释肥为主。

追肥：追肥一般以氮肥为主，同时与磷、钾及多种元素配合使用，有利于大蒜生长发育，促进养分的吸收利用和增进品质。大量试验表明，氮肥对大蒜有明显的增产效应，而追施磷肥或钾肥可增进氮的吸收和利用，促进大蒜生育，提高蒜头、蒜薹质量。追肥的效应和蒜瓣大小有密切关系。施氮使产量均明显增加，但蒜种越小，施氮增加产量幅度越大。单施磷、钾对小蒜种没有增产效果，在大蒜种上表现没有增趋势。三要素配合施用，增产效果最大。施硫可以增加大蒜风味，不同来源的硫肥对提高大蒜商品性有不同作用。试验表明，施用硫酸铜和硫酸钾可以降低大蒜裂球率，对提高蒜头商品性有利。

一般追肥在刚越冬后和鳞茎分化后分 2 次进行，因为刚越冬后是叶数决定期，它与鳞茎形成有关，而鳞茎分化期的生育对鳞茎膨大影响大，所以追肥不应太迟。试验结果表明，采薹后期追肥很重要，它可促进植株对氮、磷、钾的吸收，使吸收高峰增高且吸收持续期延长；不同种类追肥表明，后期不仅需氮，也需要磷、钾肥；追施复合肥使磷吸收高峰早且持续期久，钾的吸收高峰一直持续 15 天，这对防止后期叶枯早衰，促进叶片养分向鳞茎输送是有利的，因而可提高蒜头和蒜薹产量。在氮、磷、钾比例适当时，追施复合肥（特别是液态复合肥）对蒜头的增产效应比尿素更显著。

不同生育期缺肥都会影响生育和产量，尤其苗期和鳞茎膨大期缺肥最为明显。

一般来说，追肥可分为三个时期。

返青肥，又叫“春肥”，一般在春季气温回升、土壤开始解冻心叶和根系开始活动时施用。一般以人类尿和速效肥为主。

催薹肥，应在鳞芽分化完成，蒜薹开始抽生时施用，此时进入生长旺盛期，叶迅速抽生，叶片面积扩大，根系横向扩展，生长量和吸肥量逐渐达到高峰，所以此次追肥应重施，为生长高峰期提供营养。

催头肥，一般在蒜薹露苞时施用，此时是生长最旺盛时期，叶面积及根系吸收范围都达到最大值，生长也达到高峰，需肥量最大，因此时期蒜薹接近采收，蒜头膨大进入旺盛期，所以此次追肥应重施。以速效氮为主，配合磷、钾肥，避免偏施氮肥。

在这几次追肥中，以催薹肥最为关键，还可根据蒜苗长势随时补充叶面肥。

（二）施肥量

科学施肥量应根据目标产量、形成单位产量吸肥量、肥料利用率等多种因素综合考虑，一般地力条件下结合施用有机肥，底肥用氮、磷、钾配方肥（14－12－16）80～100kg，同时配合施硫酸锌 1kg、硼肥 0.2kg、硫酸铜 1kg 等。返青肥：亩冲施尿素 10kg，钾肥 10kg。底肥充足时可与催苔肥合并施用。催薹肥：亩冲施 10～15kg 尿素，钾肥 15kg 或者大蒜冲施肥 40kg。膨大肥：尿素 10kg、磷酸二氢钾 2kg 或者大蒜液态冲施肥 30～40kg。生长期内叶面喷施磷酸二氢钾 2～3 次，每次亩用量 100g 左右兑水 40kg 喷施。

（三）施肥方法

大蒜施肥方法依施肥种类、施肥时期、作物生长状况而定，一般采用土壤施肥法，但当大蒜严重缺肥时，也可用叶面追肥，叶面追肥应注意加表面活性剂。

土壤施肥有条施、埋施、随水冲施、撒施等。基肥一般在耕地前撒施，以氮、磷、钾复合肥为主。追肥一般以水冲施为主，也可趁雨天撒施。

肥料的剂型也影响施肥效果，在施肥量和种类相同的情况下，液体肥的效果明显优于固体肥料，因为液体肥便于大蒜吸收。

主要参考文献

[1]土壤肥料学.关联珠.北京:中国农业出版社,2001

[2]土壤肥料学.吴礼树.北京:中国农业出版社,2004

[3]山东省土壤肥料总站.山东省测土配方施肥工作暨培训会议材料(内部资料),2006～2009

[4]东平县土壤志(内部资料),1985

[5]东平县统计局.东平年鉴(内部资料),2009

[6]东平县国土资源局.土地利用现状(内部资料),2009

附录　东平县耕地地力评价成果图件

附图1　东平县耕地地力评价等级图

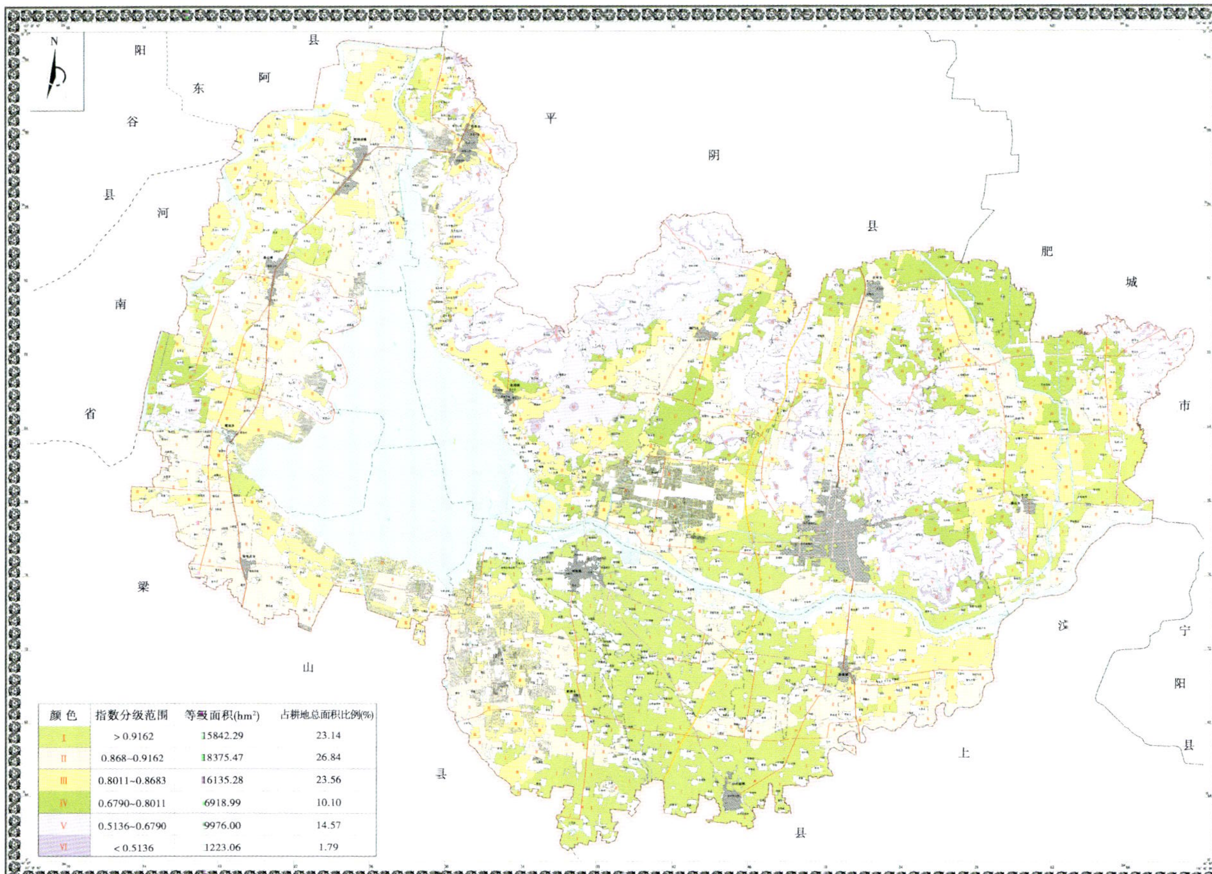

颜色	指数分级范围	等级面积(hm²)	占耕地总面积比例(%)
Ⅰ	＞0.9162	15842.29	23.14
Ⅱ	0.868~0.9162	18375.47	26.84
Ⅲ	0.8011~0.8683	16135.28	23.56
Ⅳ	0.6790~0.8011	6918.99	10.10
Ⅴ	0.5136~0.6790	9976.00	14.57
Ⅵ	＜0.5136	1223.06	1.79

1954年北京坐标系　1956年黄海高程系　　比例尺1：375000　　山东农业大学资源与环境学院　山东天地亚太国土遥感有限公司　二〇〇九年十月

附图2　东平县土壤有机质含量分布图

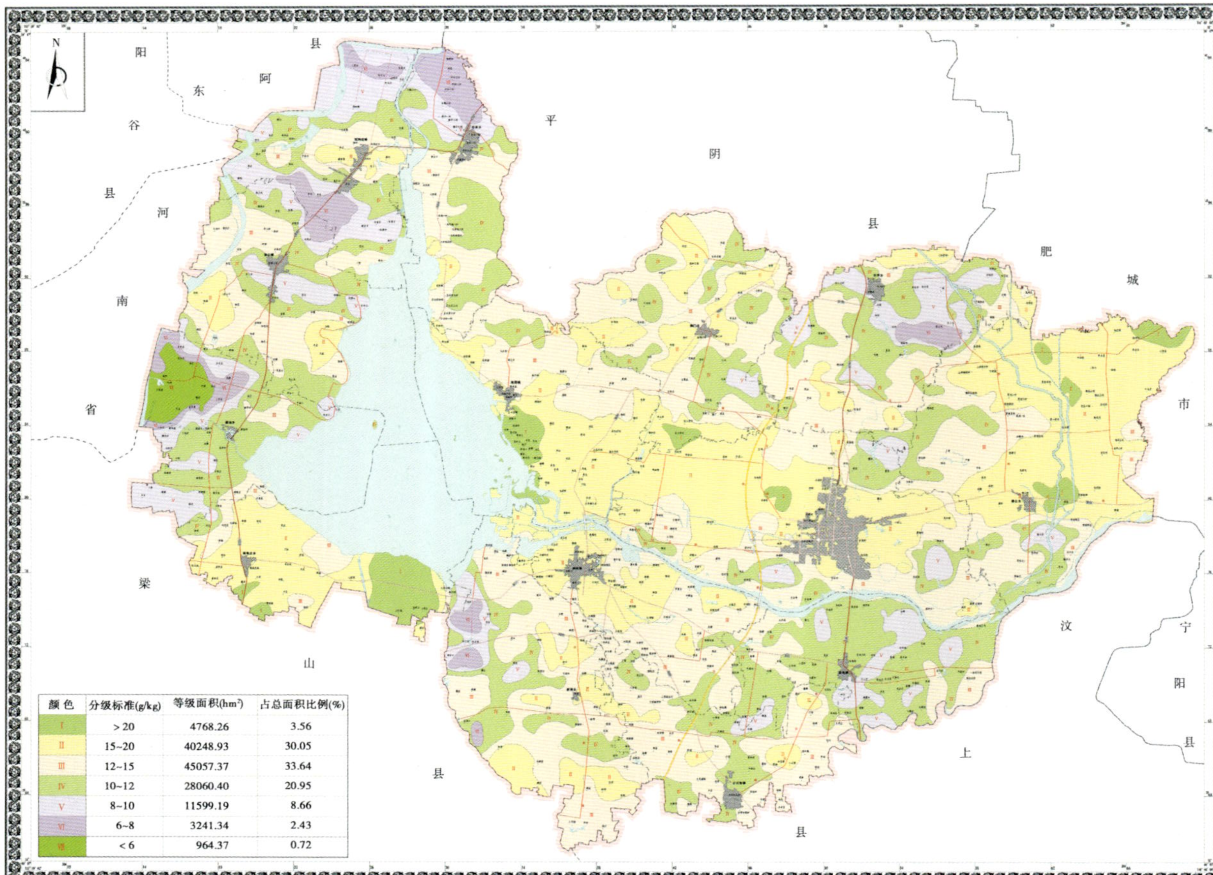

颜色	分级标准(g/kg)	等级面积(hm²)	占总面积比例(%)
Ⅰ	＞20	4768.26	3.56
Ⅱ	15~20	40248.93	30.05
Ⅲ	12~15	45057.37	33.64
Ⅳ	10~12	28060.40	20.95
Ⅴ	8~10	11599.19	8.66
Ⅵ	6~8	3241.34	2.43
Ⅶ	＜6	964.37	0.72

1954年北京坐标系　1956年黄海高程系　　比例尺1：375000　　山东农业大学资源与环境学院 山东天地亚太国土遥感有限公司　二〇〇九年十月

附图3 东平县土壤全氮含量分布图

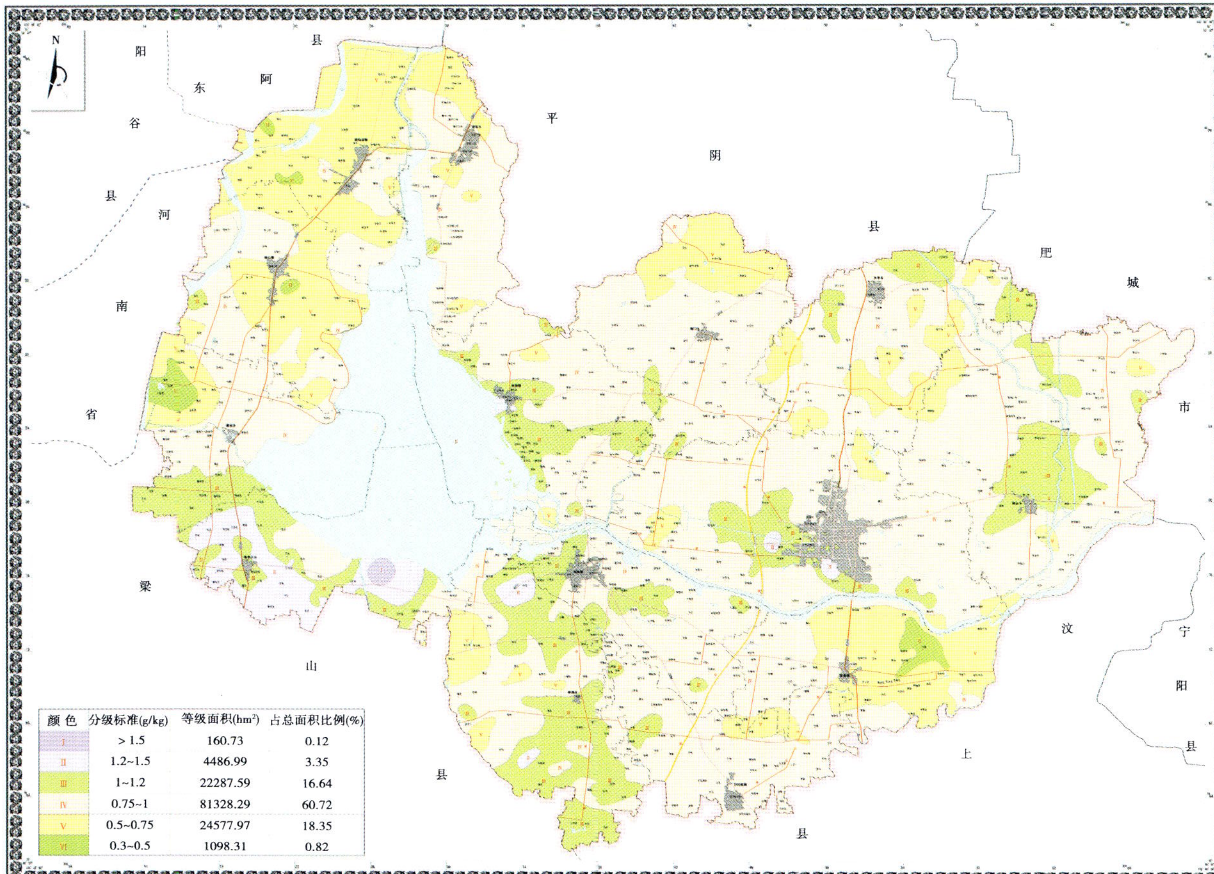

颜色	分级标准(g/kg)	等级面积(hm²)	占总面积比例(%)
Ⅰ	> 1.5	160.73	0.12
Ⅱ	1.2~1.5	4486.99	3.35
Ⅲ	1~1.2	22287.59	16.64
Ⅳ	0.75~1	81328.29	60.72
Ⅴ	0.5~0.75	24577.97	18.35
Ⅵ	0.3~0.5	1098.31	0.82

1954年北京坐标系　1956年黄海高程系　　比例尺1：375000　　山东农业大学资源与环境学院
山东天地亚太国土遥感有限公司　二〇〇九年十月

附图4 东平县土壤碱解氮含量分布图

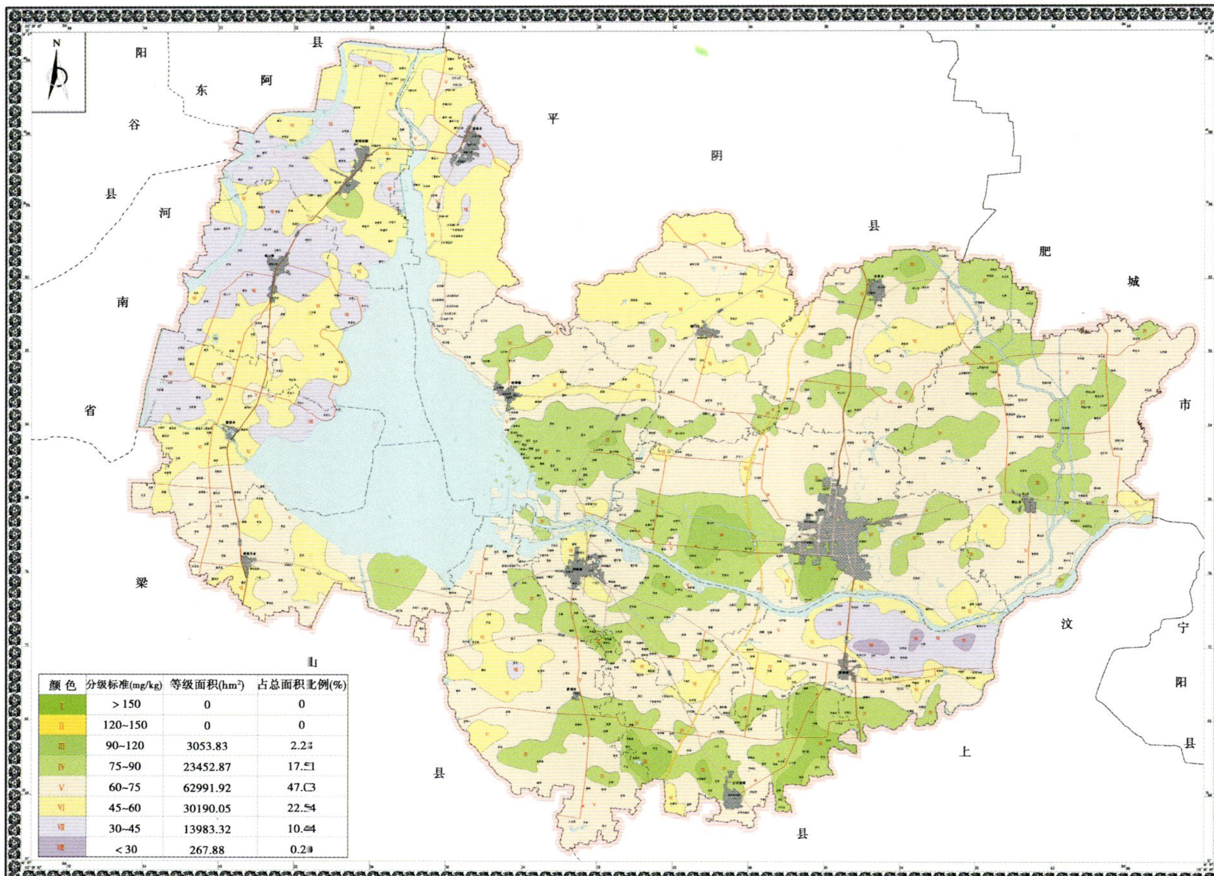

颜色	分级标准(mg/kg)	等级面积(hm²)	占总面积比例(%)
Ⅰ	>150	0	0
Ⅱ	120~150	0	0
Ⅲ	90~120	3053.83	2.2[illegible]
Ⅳ	75~90	23452.87	17.51
Ⅴ	60~75	62991.92	47.03
Ⅵ	45~60	30190.05	22.54
Ⅶ	30~45	13983.32	10.44
Ⅷ	<30	267.88	0.2[illegible]

1954年北京坐标系　1956年黄海高程系

比例尺1：375000

山东农业大学资源与环境学院
山东天地亚太国土遥感有限公司
二〇〇九年十月

附图5 东平县土壤有效磷含量分布图

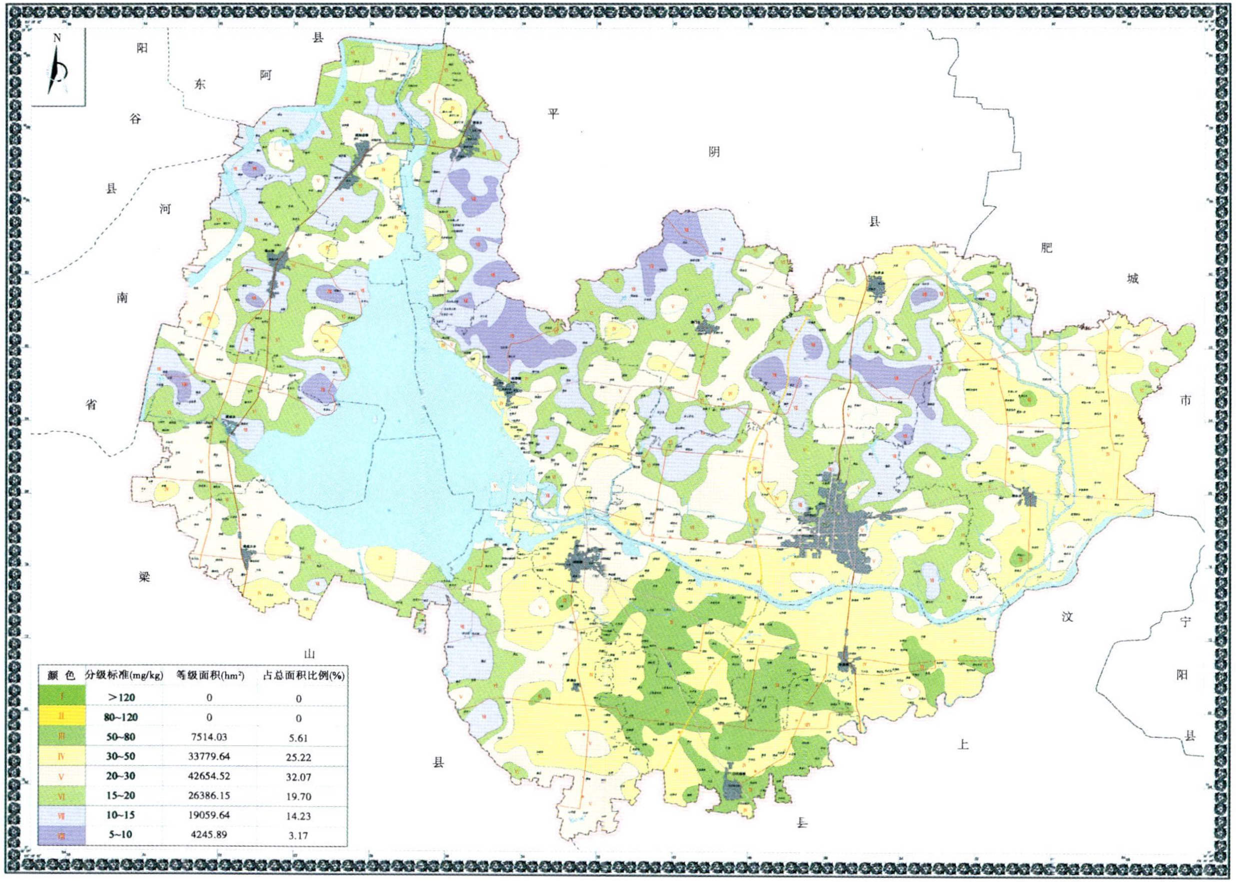

颜色	分级标准(mg/kg)	等级面积(hm²)	占总面积比例(%)
Ⅰ	>120	0	0
Ⅱ	80~120	0	0
Ⅲ	50~80	7514.03	5.61
Ⅳ	30~50	33779.64	25.22
Ⅴ	20~30	42654.52	32.07
Ⅵ	15~20	26386.15	19.70
Ⅶ	10~15	19059.64	14.23
Ⅷ	5~10	4245.89	3.17

1954年北京坐标系　1956年黄海高程系　　比例尺1：375000　　山东农业大学资源与环境学院　山东天地亚太国土遥感有限公司　二〇〇九年十月

附图6 东平县土壤速效钾含量分布图

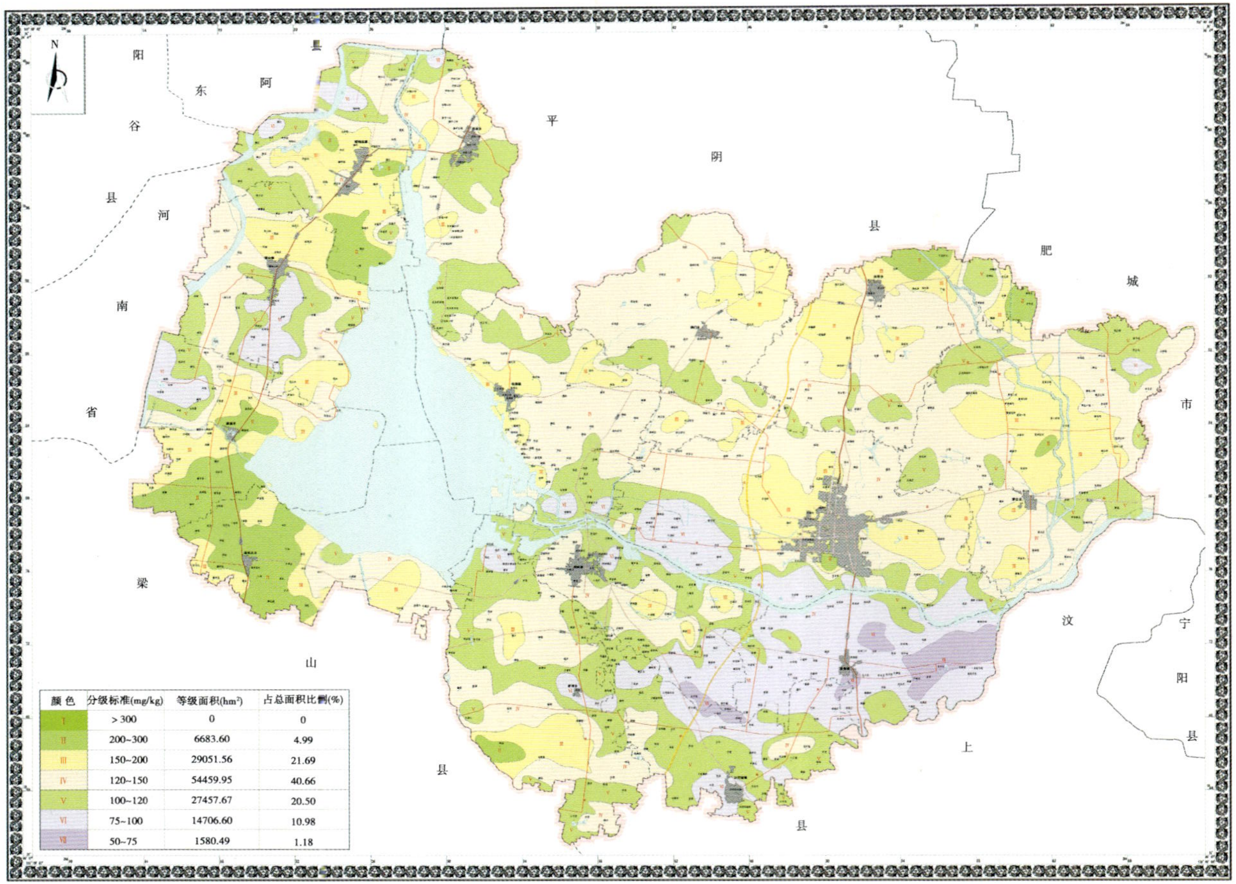

颜色	分级标准(mg/kg)	等级面积(hm²)	占总面积比例(%)
I	>300	0	0
II	200~300	6683.60	4.99
III	150~200	29051.56	21.69
IV	120~150	54459.95	40.66
V	100~120	27457.67	20.50
VI	75~100	14706.60	10.98
VII	50~75	1580.49	1.18

1954年北京坐标系　1956年黄海高程系　　比例尺1：375000　　山东农业大学资源与环境学院　山东天地亚太国土遥感有限公司　二〇〇九年十月

附图 7 东平县土壤pH分布图

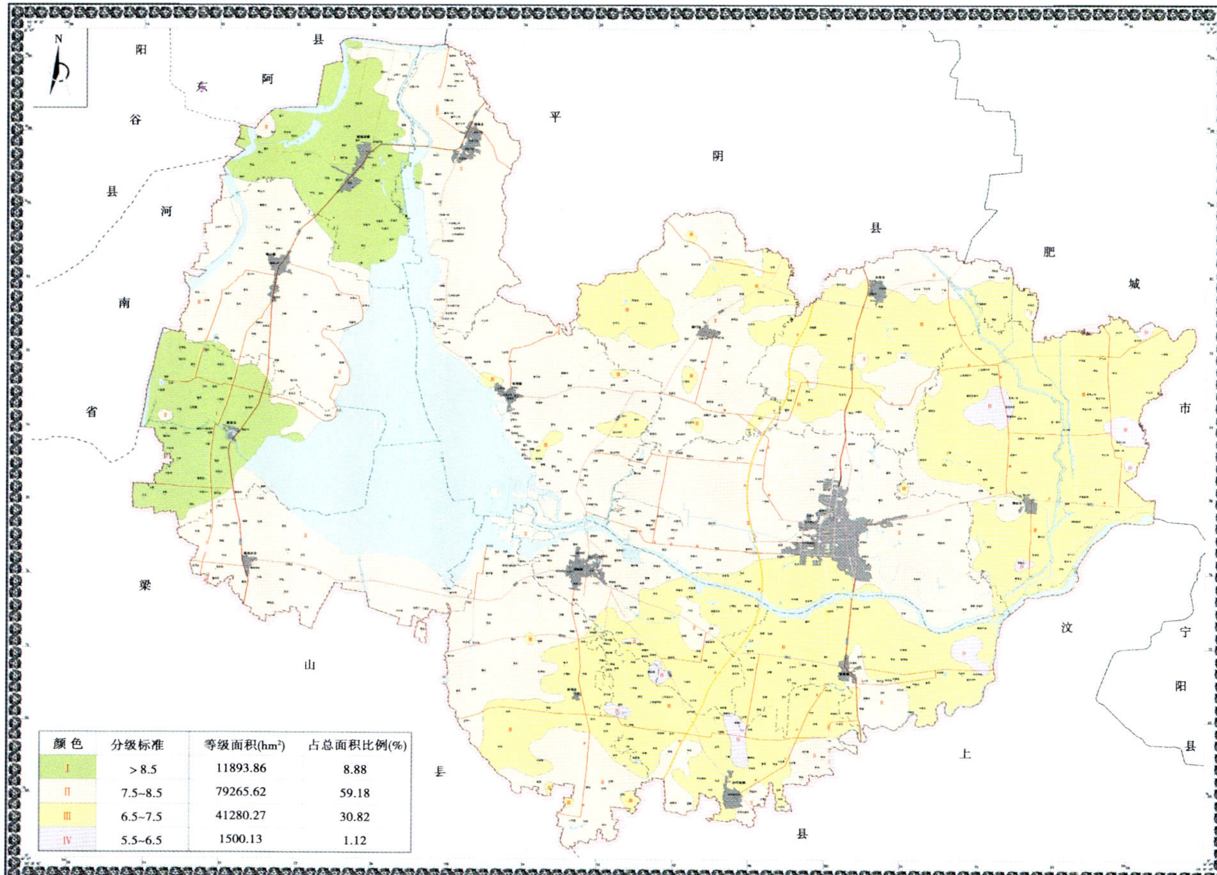

颜色	分级标准	等级面积(hm^2)	占总面积比例(%)
Ⅰ	>8.5	11893.86	8.88
Ⅱ	7.5~8.5	79265.62	59.18
Ⅲ	6.5~7.5	41280.27	30.82
Ⅳ	5.5~6.5	1500.13	1.12

1954年北京坐标系　1956年黄海高程系　　比例尺1：375000　　山东农业大学资源与环境学院　山东天地亚太国土遥感有限公司　二〇〇九年十月

附图8 东平县土壤有效铁含量分布图

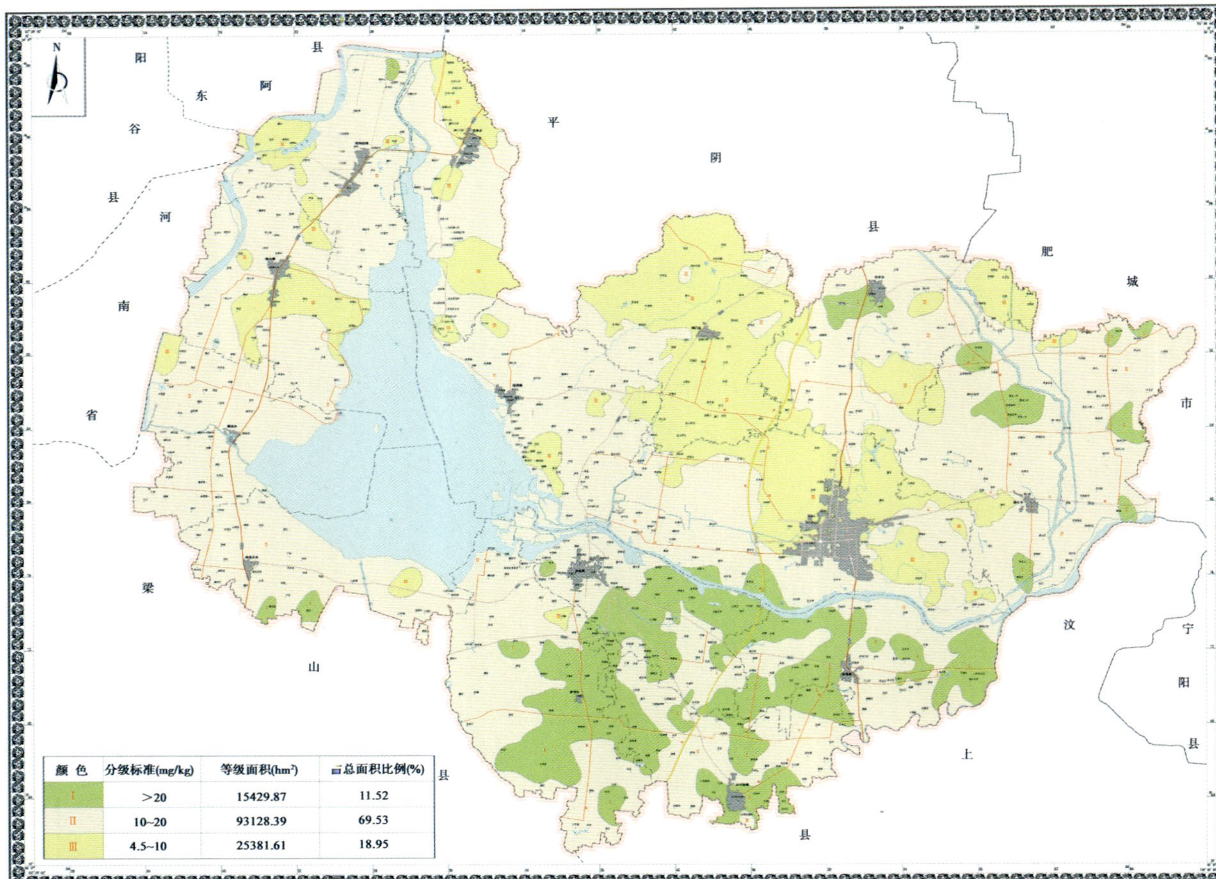

颜色	分级标准(mg/kg)	等级面积(hm²)	占总面积比例(%)
Ⅰ	>20	15429.87	11.52
Ⅱ	10~20	93128.39	69.53
Ⅲ	4.5~10	25381.61	18.95

1954年北京坐标系　1956年黄海高程系

比例尺1：375000

山东农业大学资源与环境学院
山东天地亚太国土遥感有限公司

二〇〇九年十月

附图9 东平县土壤有效锰含量分布图

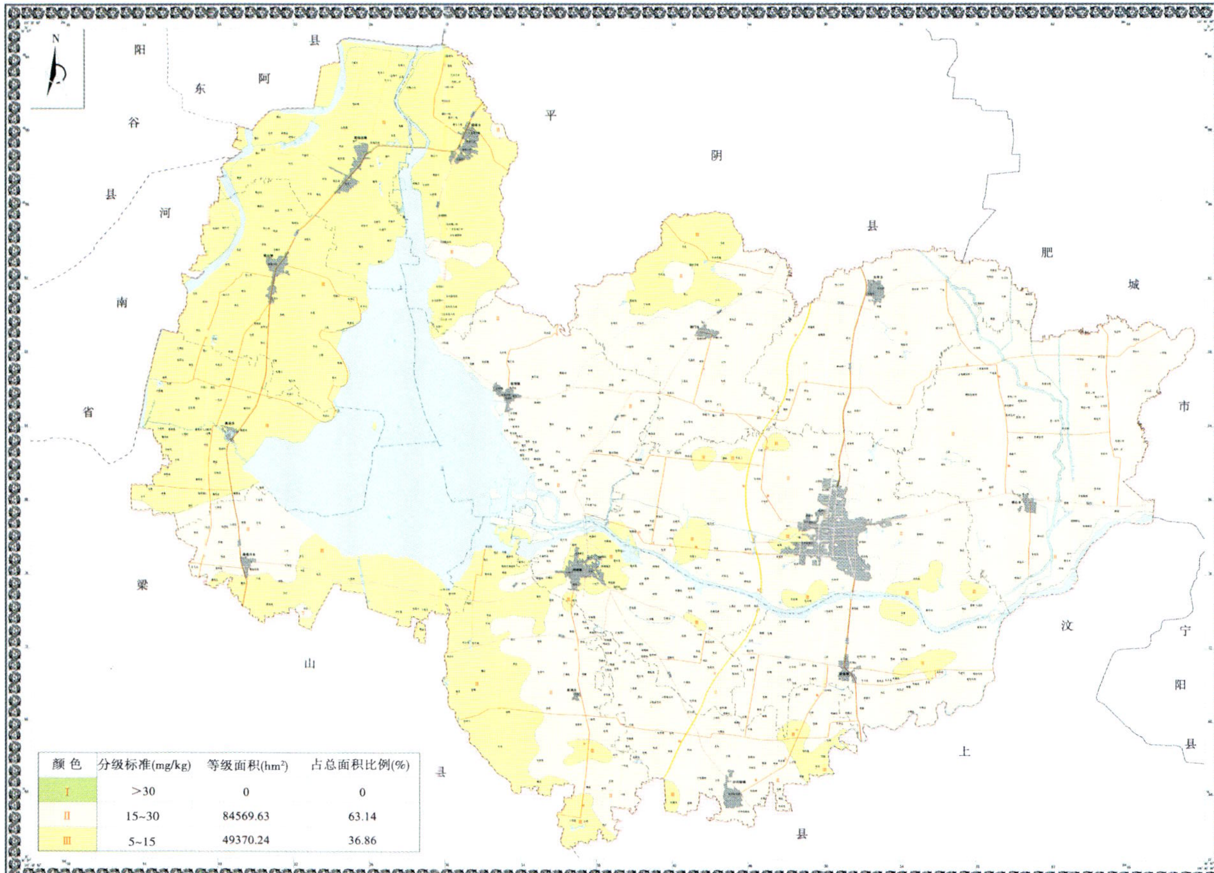

颜色	分级标准(mg/kg)	等级面积(hm²)	占总面积比例(%)
Ⅰ	>30	0	0
Ⅱ	15~30	84569.63	63.14
Ⅲ	5~15	49370.24	36.86

1954年北京坐标系　1956年黄海高程系

比例尺1：375000

山东农业大学资源与环境学院
山东天地亚太国土遥感有限公司

二〇〇九年十月

附图10 东平县土壤有效硼含量分布图

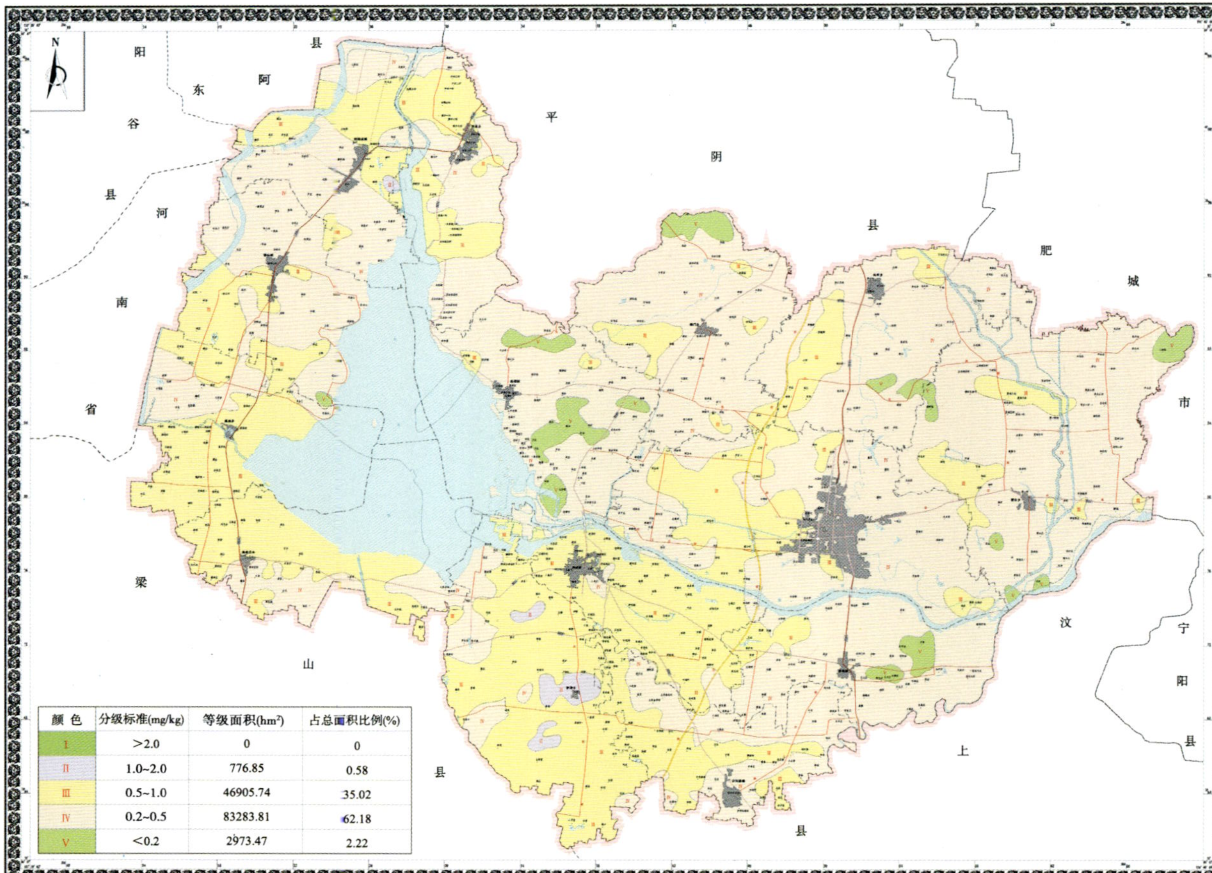

颜色	分级标准(mg/kg)	等级面积(hm^2)	占总面积比例(%)
Ⅰ	>2.0	0	0
Ⅱ	1.0~2.0	776.85	0.58
Ⅲ	0.5~1.0	46905.74	35.02
Ⅳ	0.2~0.5	83283.81	62.18
Ⅴ	<0.2	2973.47	2.22

1954年北京坐标系　1956年黄海高程系　　比例尺1：375000　　山东农业大学资源与环境学院
山东天地亚太国土遥感有限公司　二〇〇九年十月

附图11 东平县土壤有效锌含量分布图

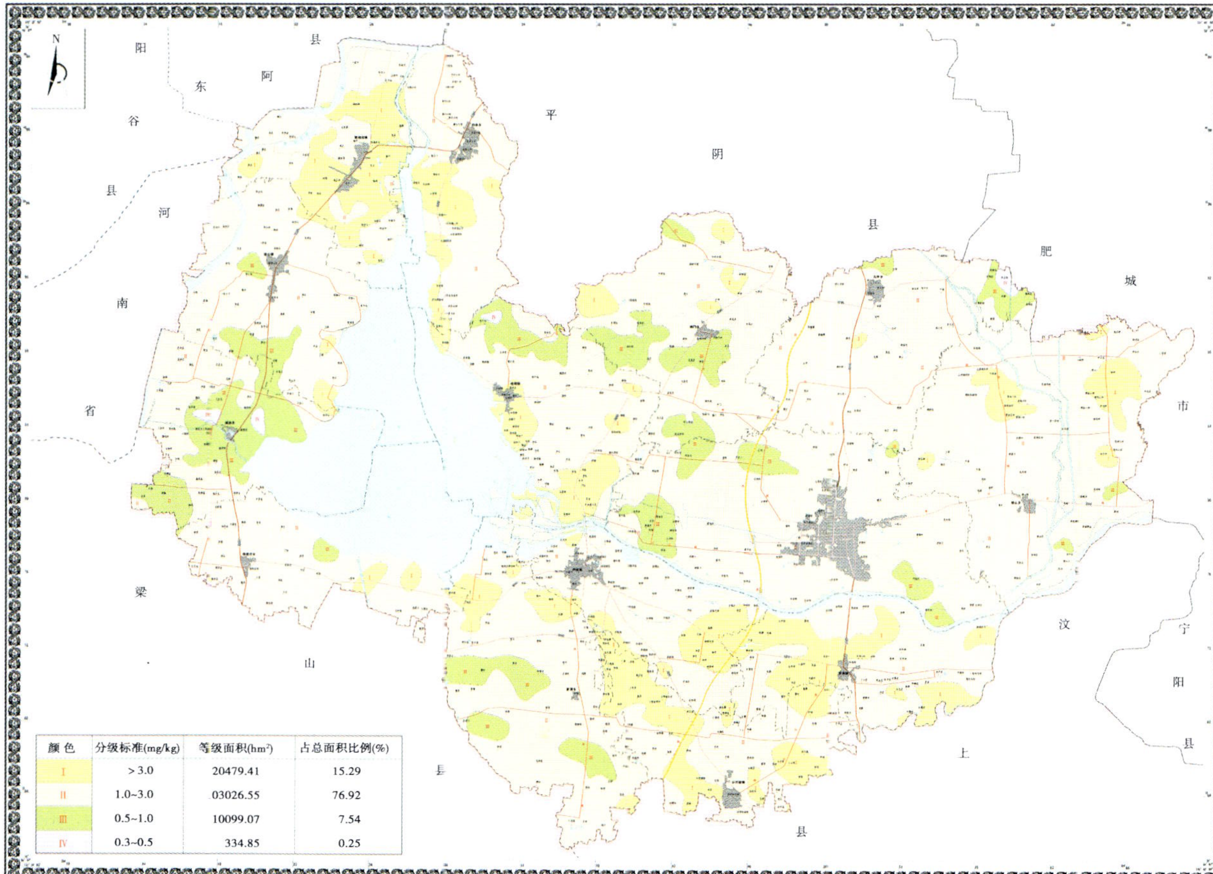

颜色	分级标准(mg/kg)	等级面积(hm²)	占总面积比例(%)
Ⅰ	>3.0	20479.41	15.29
Ⅱ	1.0~3.0	03026.55	76.92
Ⅲ	0.5~1.0	10099.07	7.54
Ⅳ	0.3~0.5	334.85	0.25

1954年北京坐标系　1956年黄海高程系

比例尺1：375000

山东农业大学资源与环境学院
山东天地亚太国土遥感有限公司　二〇〇九年十月

附图12 东平县土壤有效钼含量分布图

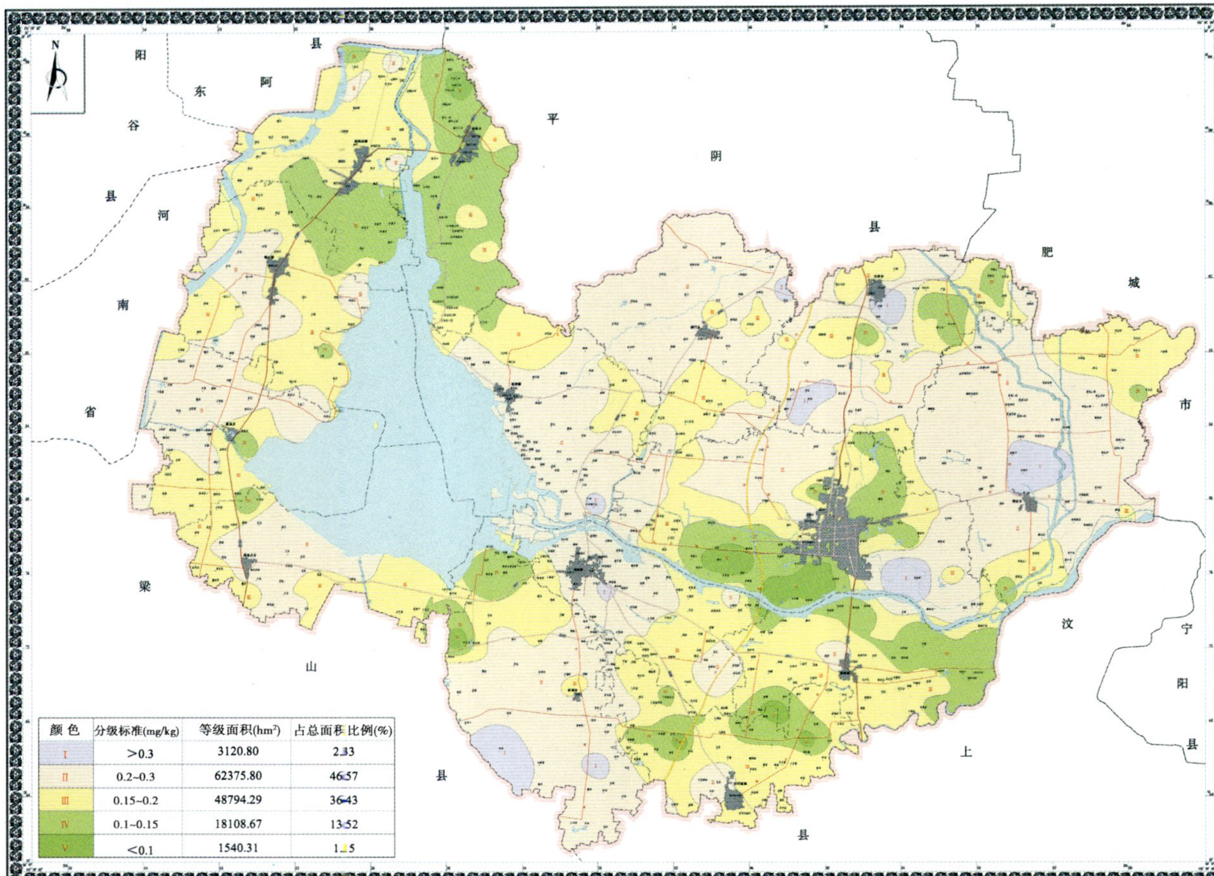

1954年北京坐标系　1956年黄海高程系　　比例尺1：375000　　山东农业大学资源与环境学院　山东天地亚太国土遥感有限公司　二〇〇九年十月

附图13 东平县土壤有效硫含量分布图

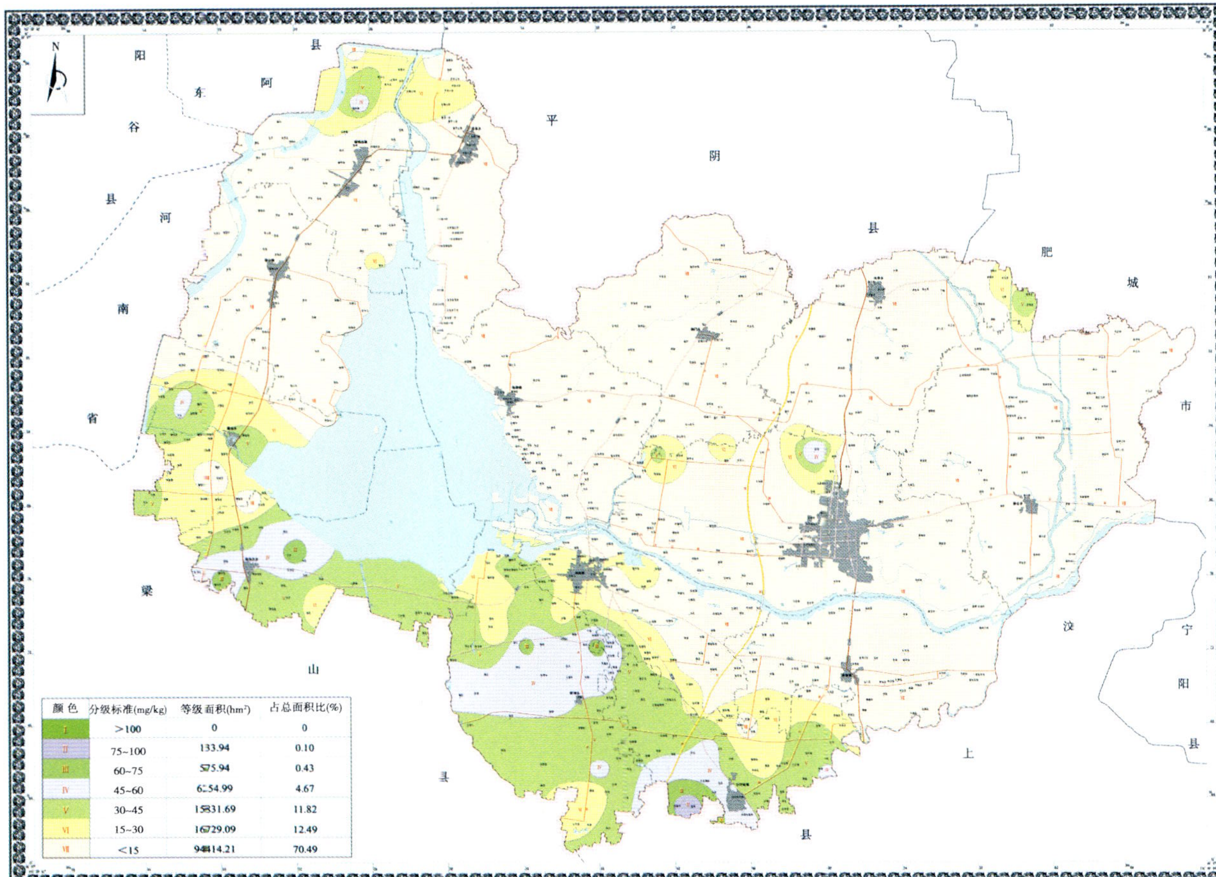

颜色	分级标准(mg/kg)	等级面积(hm^2)	占总面积比(%)
Ⅰ	>100	0	0
Ⅱ	75~100	133.94	0.10
Ⅲ	60~75	575.94	0.43
Ⅳ	45~60	6254.99	4.67
Ⅴ	30~45	15831.69	11.82
Ⅵ	15~30	16729.09	12.49
Ⅶ	<15	94414.21	70.49

1954年北京坐标系 1956年黄海高程系 比例尺1：375000 山东农业大学资源与环境学院 山东天地亚太国土遥感有限公司 二〇〇九年十月

附图14 东平县土壤有效铜含量分布图

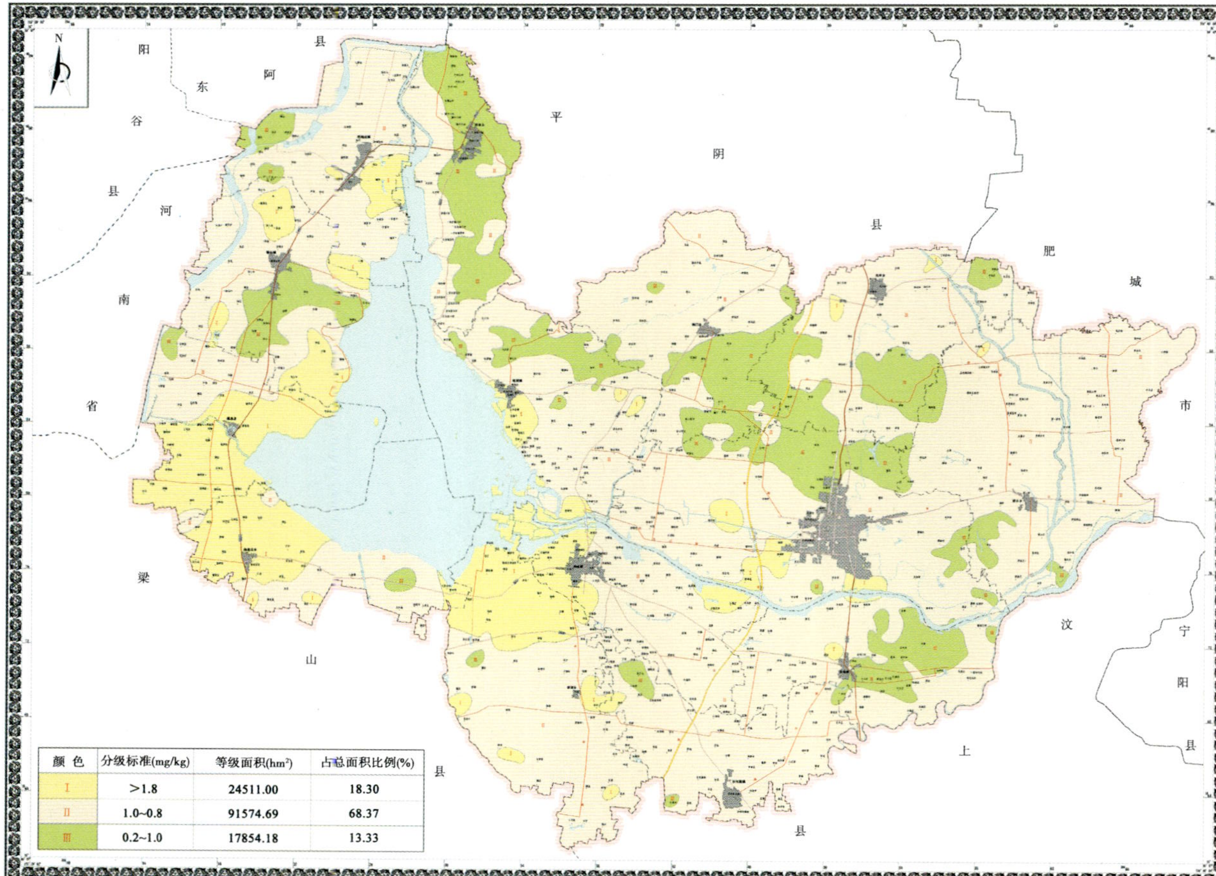

颜 色	分级标准(mg/kg)	等级面积(hm²)	占总面积比例(%)
I	>1.8	24511.00	18.30
II	1.0~0.8	91574.69	68.37
III	0.2~1.0	17854.18	13.33

1954年北京坐标系　1956年黄海高程系

比例尺1：375000

山东农业大学资源与环境学院
山东天地亚太国土遥感有限公司　二〇〇九年十月

附图15 东平县耕地地力调查点点位图

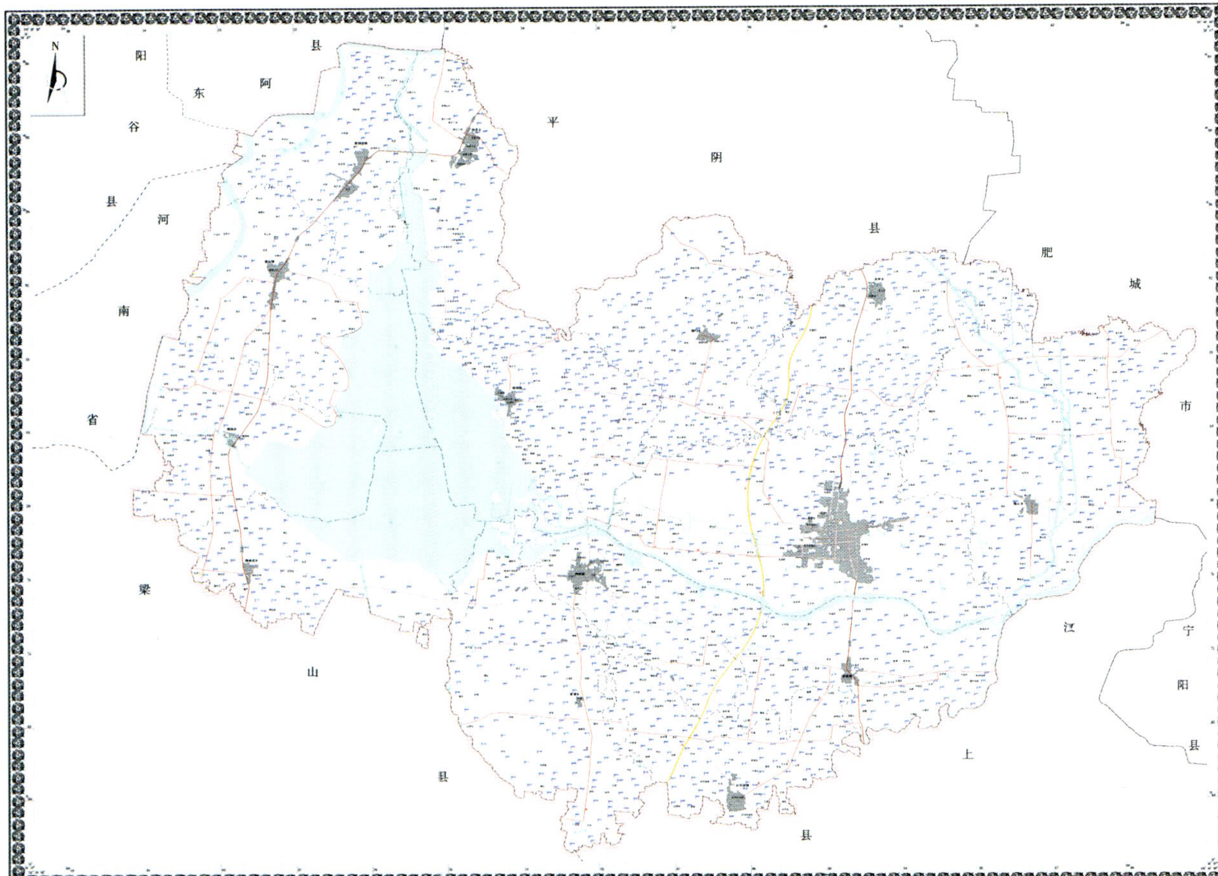

1954年北京坐标系 1956年黄海高程系　　比例尺1：375000　　山东农业大学资源与环境学院 山东天地亚太国土遥感有限公司　二〇〇九年十月

附图16 东平县土地利用现状图

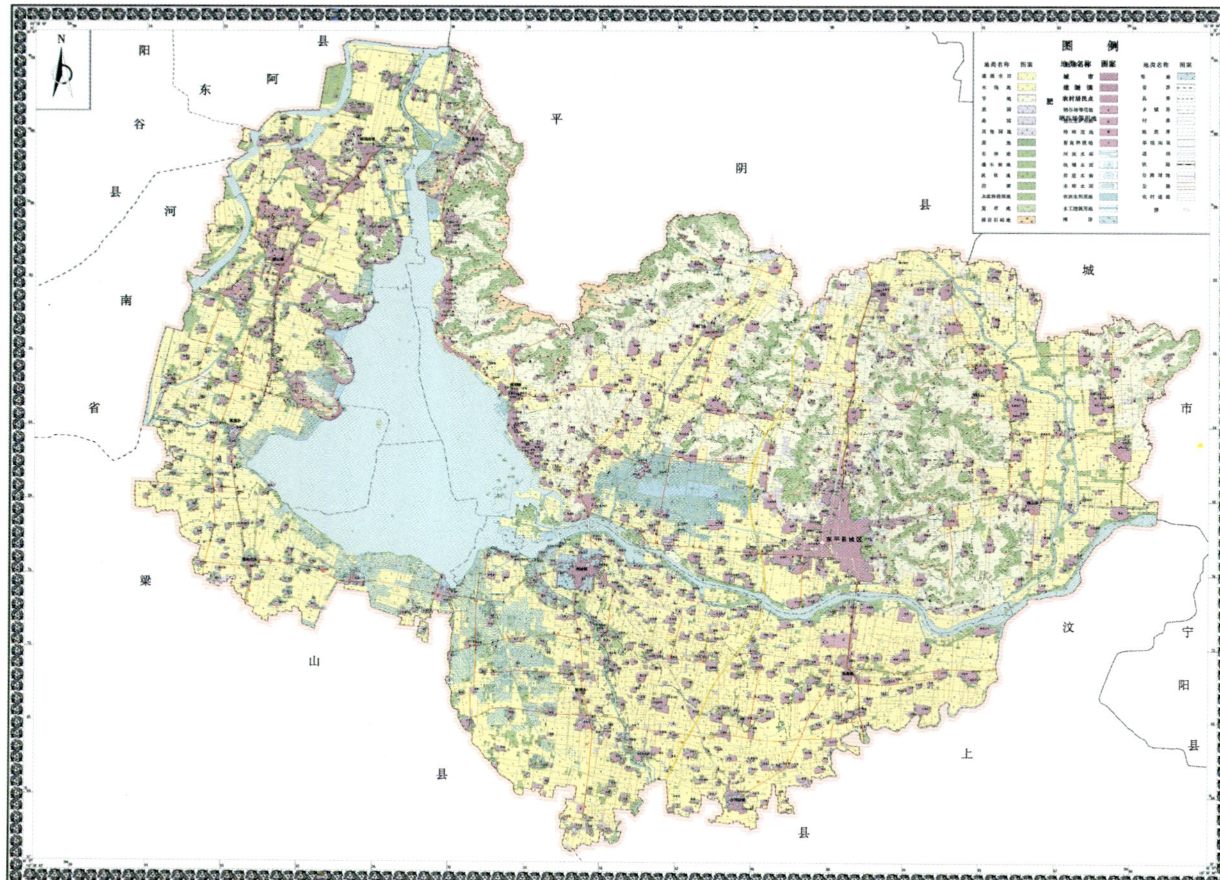

1954年北京坐标系　1956年黄海高程系

比例尺1：375000

山东农业大学资源与环境学院
山东天地亚太国土遥感有限公司

二〇〇九年十月

附图17 东平县地貌图

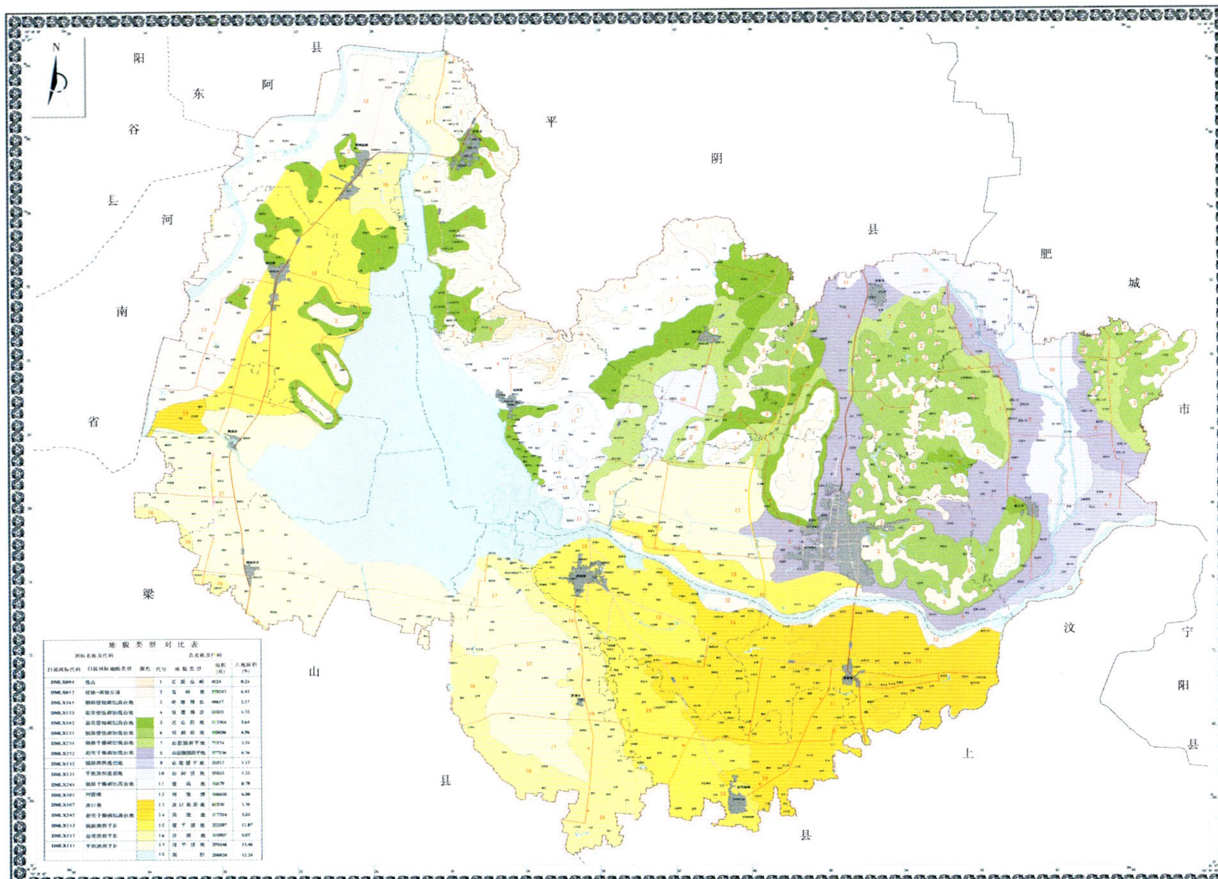

1954年北京坐标系　1956年黄海高程系　　比例尺1：375000　　山东农业大学资源与环境学院　山东天地亚太国土遥感有限公司　二〇〇九年十月

附图18 东平县坡度图

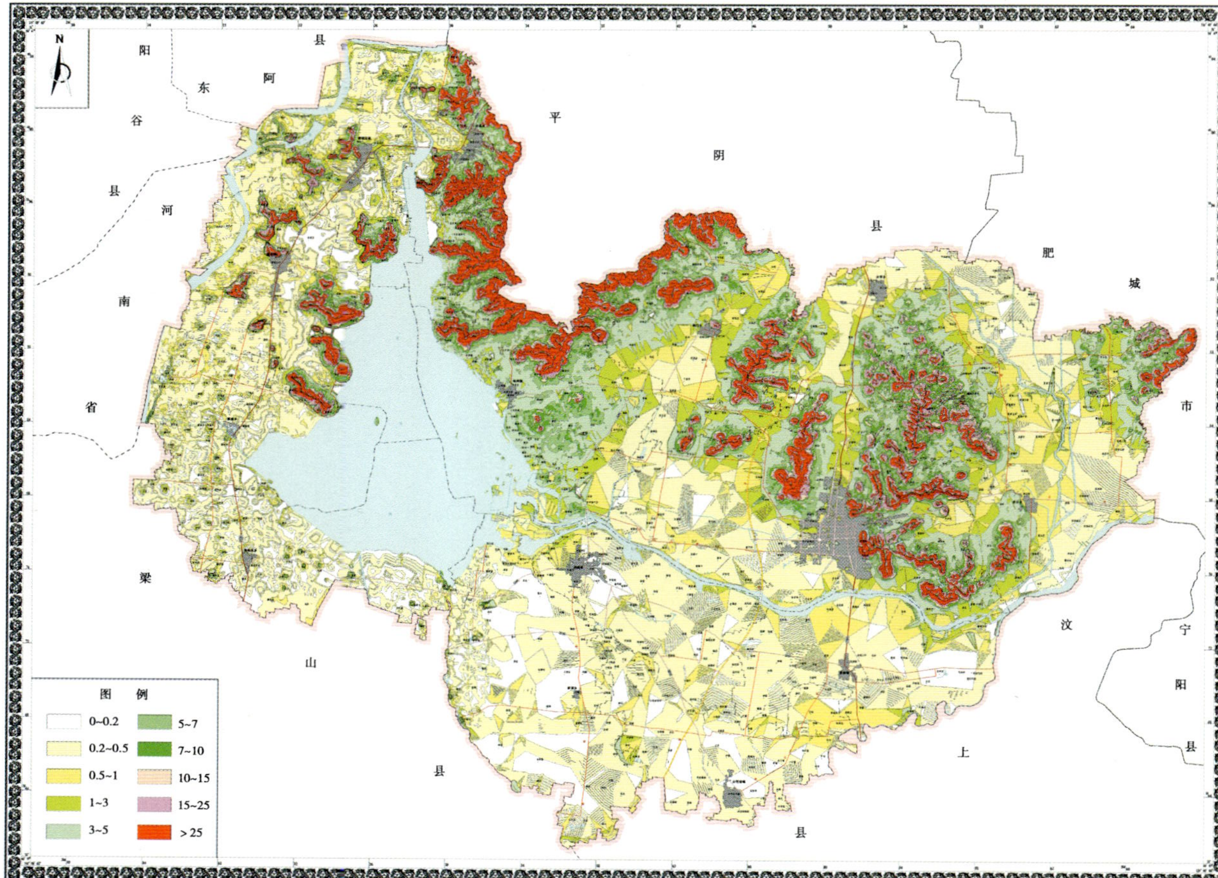

1954年北京坐标系　1956年黄海高程系

比例尺1：375000

山东农业大学资源与环境学院
山东天地亚太国土遥感有限公司　二〇〇九年十月

附图19 东平县灌溉分区图

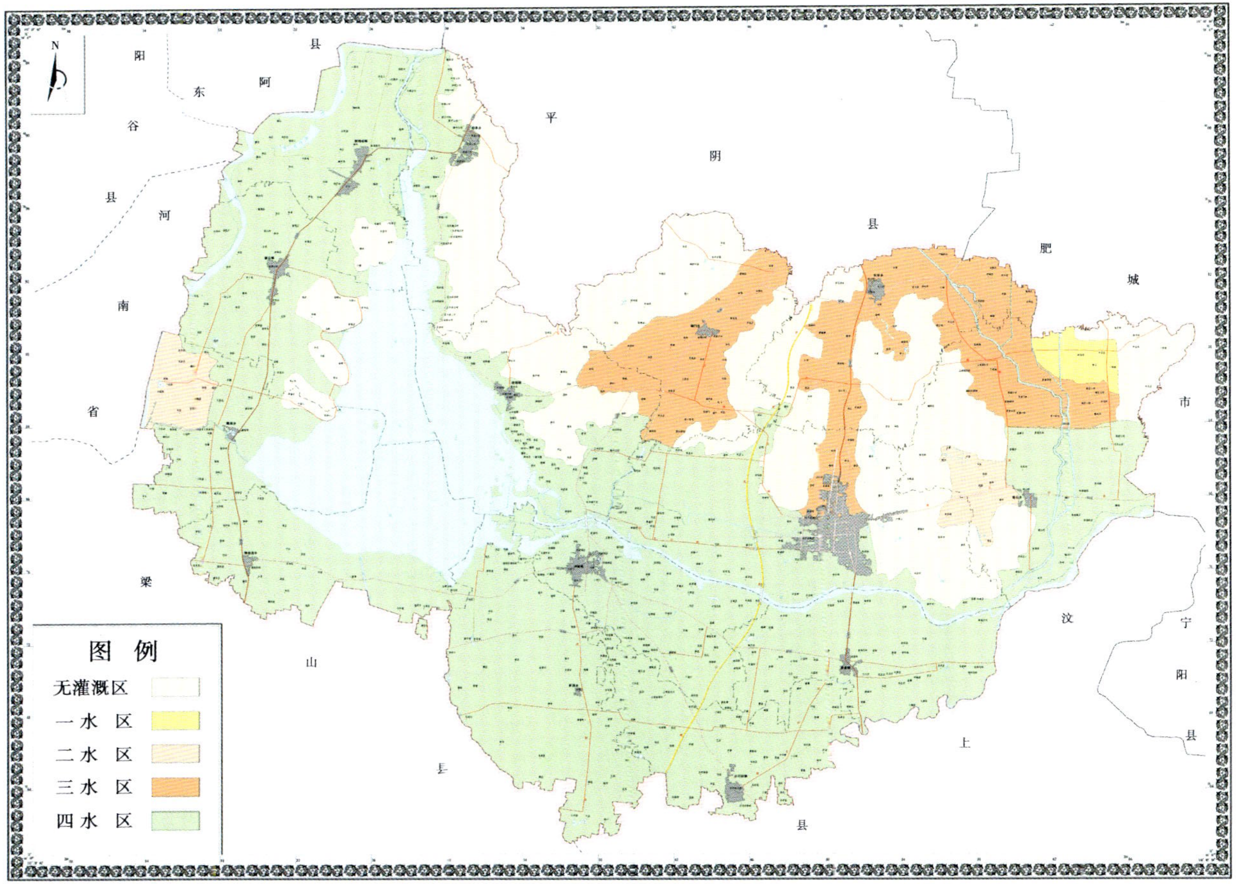

1954年北京坐标系　1956年黄海高程系　比例尺1：375000　山东农业大学资源与环境学院　山东天地亚太国土遥感有限公司　二〇〇九年十月

附图20 东平县土壤图

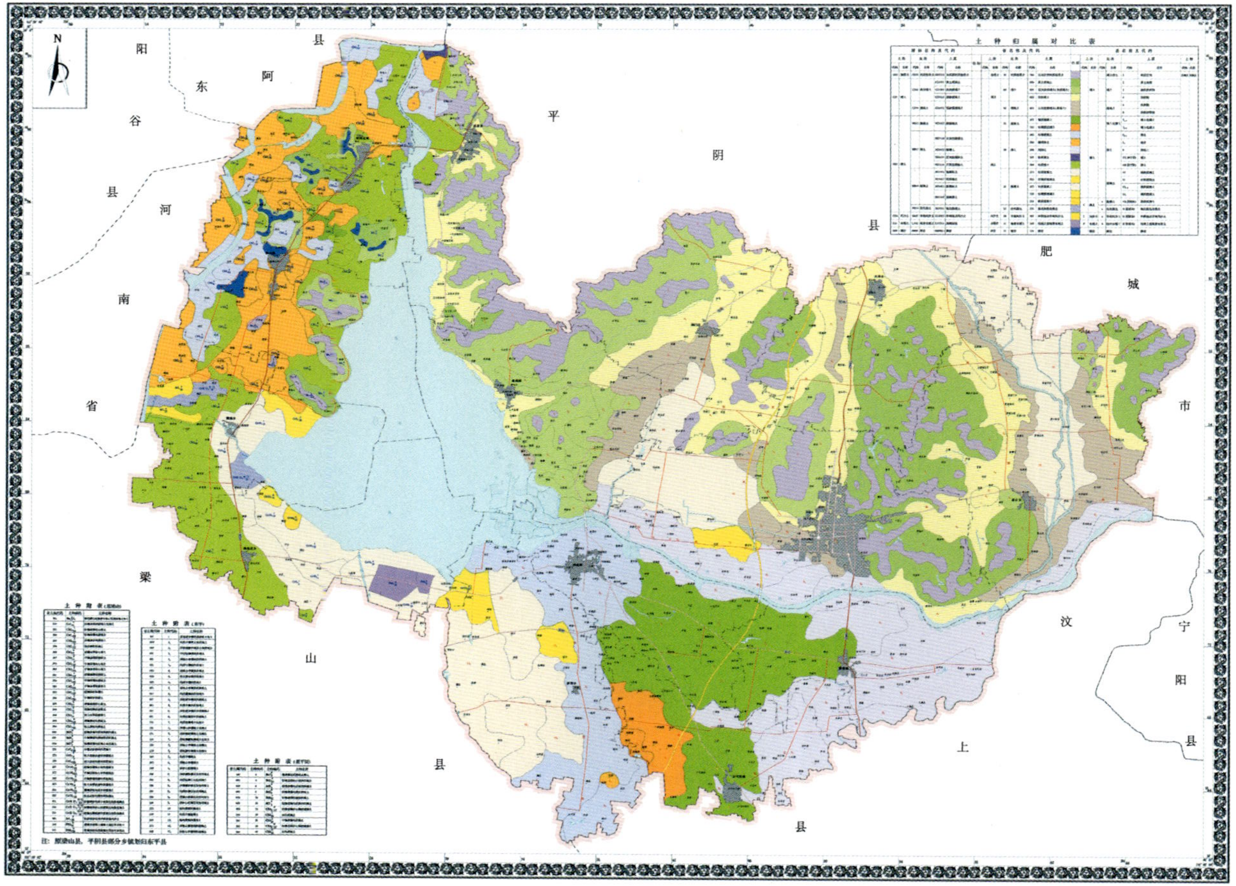

1954年北京坐标系　1956年黄海高程系

比例尺1：375000

山东农业大学资源与环境学院
山东天地亚太国土遥感有限公司

二〇〇九年十月

附图21 东平县地理底图

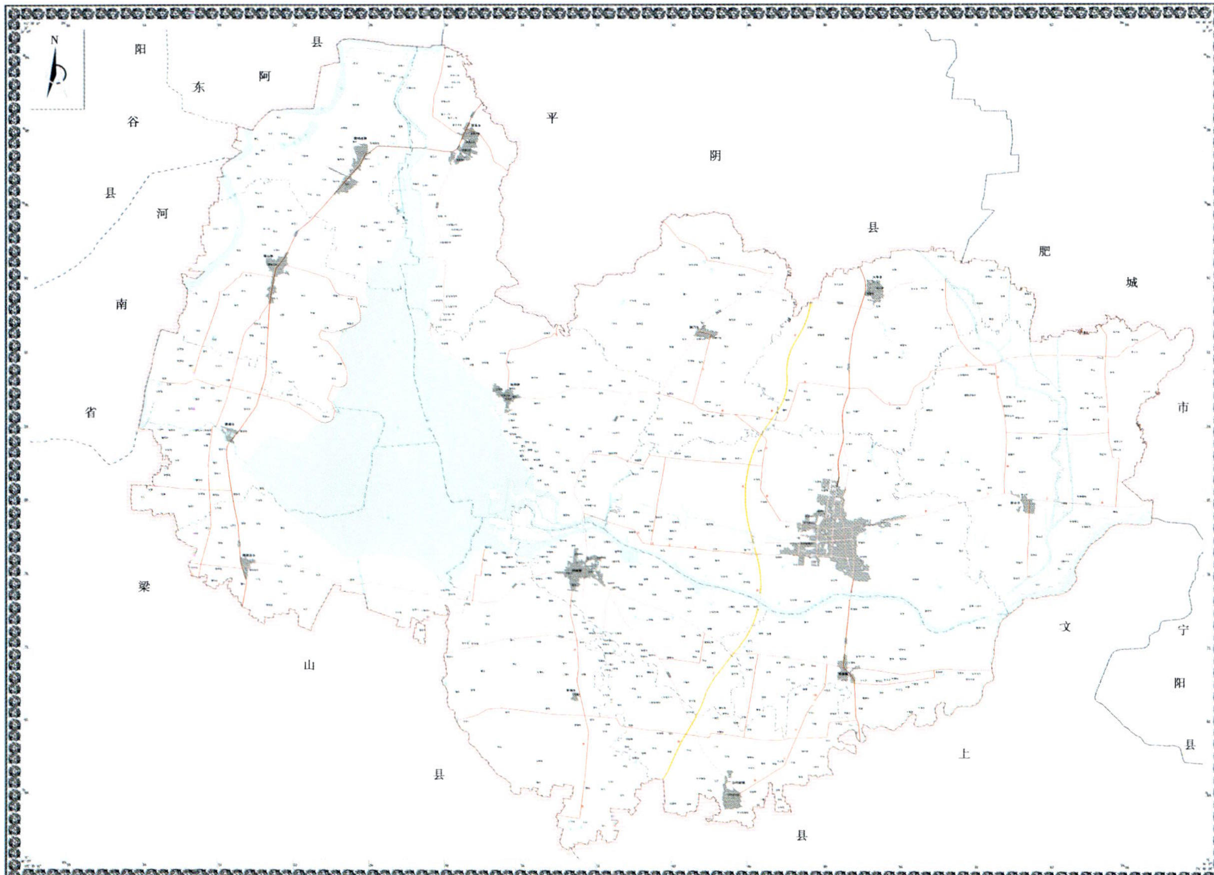

1954年北京坐标系　1956年黄海高程系　　比例尺1：375000　　山东农业大学资源与环境学院　山东天地亚太国土遥感有限公司　二〇〇九年十月

图书在版编目(CIP)数据

东平耕地/周长民,王少祥,张明岩主编.—济南:山东大学出版社,2012.4
ISBN 978-7-5607-4571-8

Ⅰ.①东…
Ⅱ.①周…②王…③张…
Ⅲ.①耕作土壤-土壤肥力-土壤调查-东平县
②耕作土壤-土壤评价-东平县
Ⅳ.①S159.252.4②S158
中国版本图书馆CIP数据核字(2012)第064940号

山东大学出版社出版发行
(山东省济南市山大南路20号　邮政编码:250100)
山 东 省 新 华 书 店 经 销
山东鸿杰印务集团有限公司印刷
787×1092毫米　1/16　10印张　13插页　246千字
2012年4月第1版　2012年4月第1次印刷
定价:43.00元